"十二五"国家重点图书出版规划项目
交通运输建设科技丛书·水运基础设施建设与养护
长江黄金水道建设关键技术丛书

内河码头抗震技术

丁　敏　汪承志　等　著

人民交通出版社股份有限公司
China Communications Press Co.,Ltd.

内 容 提 要

本书为《长江黄金水道建设关键技术丛书》之一，主要结合近50年来全球重大地震灾害对港口码头的影响，总结分析了地震对港口码头的破坏形式及其成因，重点对长江西部典型内河码头结构包括架空斜坡道码头、框架码头、重力式码头、桥吊码头等以及码头大型装卸设备进行了抗震性能研究，提出码头水工结构、库岸和大型装卸设备抗震设计方法、抗震措施及其施工方案。

本书可供从事港口码头结构和大型装卸设备设计、施工、监理、质检、试验、检测等工作的科技人员和有关高校师生、科研院所工作人员等参考。

Abstract

Combining with impact of global significant earthquake disasters on wharves in the last 50 years, this book concludes and analyzes forms and causes of the damages to wharves, emphatically studies anti-seismic performance of typical inland wharf structures in the western Yangtze River, including overhead slop wharf, frame wharf, gravity wharf, crane bridge wharf and related large handling equipment, finally proposes some anti-seismic design methods, measures and construction schemes for hydraulic structures of wharves, reservoir banks, large handling equipment.

This book can serve as reference for not only sci-tech personnel engaged in design, construction, supervision, inspection, testing, inspection and other work of wharf structures and large handling equipment, but also teachers and students of related specialties in colleges and universities, as well as staff members of scientific research institutes.

图书在版编目 (CIP) 数据

内河码头抗震技术 / 丁敏，汪承志等著 .—北京：人民交通出版社股份有限公司，2015.12

(长江黄金水道建设关键技术丛书)

ISBN 978-7-114-12630-7

Ⅰ.①内… Ⅱ.①丁… Ⅲ.①内河－码头－交通运输建筑－防震设计－研究－中国 Ⅳ.① TU248.4

中国版本图书馆 CIP 数据核字 (2015) 第 274737 号

长江黄金水道建设关键技术丛书

书　　名：内河码头抗震技术

著 作 者：丁　敏　汪承志　等

责任编辑：任雪莲　张一梅

出版发行：人民交通出版社股份有限公司

地　　址：(100011) 北京市朝阳区安定门外外馆斜街 3 号

网　　址：http://www.ccpress.com.cn

销售电话：(010) 59757973

总 经 销：人民交通出版社股份有限公司发行部

经　　销：各地新华书店

印　　刷：北京盛通印刷股份有限公司

开　　本：787 × 1092　1/16

印　　张：11

字　　数：230 千

版　　次：2015 年 12 月　第 1 版

印　　次：2015 年 12 月　第 1 次印刷

书　　号：ISBN 978-7-114-12630-7

定　　价：40.00 元

《交通运输建设科技丛书》
编审委员会

《长江黄金水道建设关键技术丛书》审定委员会

《长江黄金水道建设关键技术丛书》主要编写单位

交通运输部长江航务管理局

交通运输部水运科学研究院

南京水利科学研究院

交通运输部长江口航道管理局

交通运输部天津水运工程科学研究院

中交第二航务工程勘察设计院有限公司

武汉理工大学

重庆交通大学

长江航道局

长江三峡通航管理局

长江航运信息中心

上海河口海岸科学研究中心

《长江黄金水道建设关键技术丛书》编写协调组

组　长　杨大鸣（交通运输部长江航务管理局）

成　员　高惠君（交通运输部水运科学研究院）

　　　　　裴建军（交通运输部长江航务管理局）

　　　　　丁润铎（人民交通出版社股份有限公司）

总 序

近年来，交通运输行业认真贯彻落实党中央、国务院“稳增长、促改革、调结构、惠民生”的决策部署，重点改革力度加大，结构调整积极推进，交通运输科技攻关不断取得突破，促进了交通运输持续快速健康发展。目前，我国公路总里程、港口吞吐能力、全社会完成的公路客货运量、水路货运量和周转量等多项指标均居世界第一。交通运输事业的快速发展不仅在应对国际金融危机、保持经济平稳较快发展等方面发挥了重要作用，而且为改善民生、促进社会和谐做出了积极贡献。

长期以来，部党组始终把科技创新作为推进交通运输发展的重要动力，坚持科技工作面向需求，面向世界，面向未来，加大科技投入，强化科技管理，推进产学研相结合，开展重大科技研发和创新能力建设，取得了显著成效。通过广大科技工作者的不懈努力，在多年冻土、沙漠等特殊地质地区公路建设技术，特大跨径桥梁建设技术，特长隧道建设技术，深水航道整治技术和离岸深水筑港技术等方面取得重大突破和创新，获得了一系列具有国际领先水平的重大科技成果，显著提升了行业自主创新能力，有力支撑了重大工程建设，培养和造就了一批高素质的科技人才，为交通运输科学发展奠定了坚实基础。同时，部积极探索科技成果推广的新途径，通过实施科技示范工程，开展材料节约与循环利用专项行动计划，发布科技成果推广目录等多种方式，推动了科技成果更多更快地向现实生产力转化，营造了交通运输发展主动依靠科技创新，科技创新服务交通发展的良好氛围。

组织出版《交通运输建设科技丛书》，是深入实施创新驱动战略和科技强交战略，推进科技成果公开，加强科技成果推广应用的又一重要举措。该丛书分为公路基础设施建设与养护、水运基础设施建设与养护、安全与应急保障、运输服务和绿色交通等领域，将汇集交通运输建设科技项目研究形成的具有较高学术和应用价值的优秀专著。丛书的逐年出版和不断丰富，有助于集中展示和推广交通运输建设重大科技成果，传承科技创新文化，并促进高层次的技术交流、学术传播和专业人才培养。

今后一段时期是加快推进“四个交通”发展的关键时期，深入实施科技强交战略和创新驱动战略，是一项关系全局的基础性、引领性工程。希望广大交通运输科技工作者进一步解放思想、开拓创新，求真务实、奋发进取，以科技创新的新成效推动交通运输科学发展，为加快实现交通运输现代化而努力奋斗！

王君顺

2014年7月28日

序

（为《长江黄金水道建设关键技术丛书》而作）

河流，是人类文明之源；交通，推动了人类不同文明的碰撞与交融，是经济社会发展的重要基础。交通与河流密切联系、相伴而生。在古老广袤的中华大地上，长江作为我国第一大河流，与黄河共同孕育了灿烂的华夏文明。自古以来，长江就是我国主要的运输大动脉，素有“黄金水道”之称。水路运输在五大运输方式中，因成本低、能耗少、污染小而具有明显的优势。发展长江航运及内河运输符合我国建设资源节约型、环境友好型社会以及可持续发展战略的要求。目前，长江干线货运量约20亿t，位居世界内河第一，分别为美国密西西比河和欧洲莱茵河的4倍和10倍。在全面深化改革的关键期，作为国家重大战略，我国提出“依托长江黄金水道，建设长江经济带”，长江黄金水道又将被赋予新的更高使命。长江经济带覆盖11个省（市），面积205.1万km^2，约占国土面积的21.4%。相信长江经济带的建设将为“黄金水道”带来新的发展机遇，进一步推动我国水运事业的快速发展，也将为中国经济的可持续发展提供重要的支撑。

经过60余年的努力奋斗，我国的内河航运不断发展，内河航道通航总里程达到12.63万km，航道治理和基础设施建设不断加强，航道等级不断提高，在我国的经济社会发展中发挥了不可估量的作用。长江口深水航道工程的建成和应用，标志着我国水运科学技术水平跻身国际先进行列。目前正在开展的长江南京以下12.5m深水航道工程的建设，积累了更多的先进技术和经验。因此，建设长江黄金水道具有先进的技术积累和充足的实践经验。

《长江黄金水道建设关键技术丛书》围绕“增强长江运能”这一主题，从前期规划、通航标准、基础研究、航道治理、枢纽通航，到码头建设、船型标准、安全保障与应急监管、信息服务、生态航道等方面，对各项技术进行了系统的总结与著述，既有扎实的理论基础，又有具体工程应用案例，内容十分丰富。这套丛书是行业内集体智慧之力作，直接参与编写的研究人员近200位，所依托课题中的科研人员超过1 000位，参与人员之多，创我国水运行业图书之最。长江黄金水道的建设是世界级工程，丛书涉及的多项技术属世界首创，技术成果总体处于国际先进水平，其中部分成果处于国际领先水平。原创性、知识性和可读性强为本套丛书的突出特点。

该套丛书系统总结了长江黄金水道建设的关键技术和重要经验，相信该丛书的出版，必将促进水运科学领域的学术交流和技术传播，保障我国水路运输事业的快速发展，也可为世界水运工程提供可资借鉴的重要经验。因此，《长江黄金水道建设关键技术丛书》所总结的是我国现代水运工程关键技术中的重大成就，所体现的是世界当代水运工程建设的先进文明。

是为序。

南京水利科学研究院院长
中国工程院院士
英国皇家工程院外籍院士
张建云

2015年11月15日

前　言

依托黄金水道建设长江经济带，主动适应经济发展新常态已上升为国家战略。研究长江黄金水道关键技术是推动长江经济带发展的关键，特此推出长江黄金水道建设关键技术丛书。《内河码头抗震技术》为该丛书之一。

近年来，地震频发，其破坏力巨大，给人民的生命财产造成了很大的损失，人们开始关注各种设施的抗震能力，提高设防等级，加固现有设备设施。而港口码头作为现代物流的集散地，是社会经济发展的关键环节，其一旦在地震中遭到破坏，造成的损失以及对经济的影响是非常严重的，历史上多次大地震都对港口码头造成了不同程度的破坏。我国是一个多地震的国家，因此研究码头抗震技术显得尤为重要。

本书结合西部交通建设科技项目“地震对内河港口的影响和抗震技术研究”（2009 328 222 101）的研究成果，综合国内主要港口码头地震设计成果，全面系统地介绍了内河港口码头的抗震设计方法及其措施。本书共分9章，第1章主要介绍了地震的基本常识，第2章介绍了我国港口概况及其地震烈度情况，第3章介绍了历史上发生的国内外大地震对港口码头造成的破坏情况及其成因，第4~7章介绍了内河码头结构抗震设计方法、抗震性能、抗震措施及其施工方案，第8、9章介绍了内河码头装卸设备的抗震计算方法、抗震性能及抗震措施。

本书由交通运输部水运科学研究院丁敏和重庆交通大学汪承志等著。参加本书撰写工作的有：交通运输部水运科学研究院丁敏（第1章、第8章8.8）、罗建平（第2章2.1~2.3）、邹云飞（第8章）、李益琴（第9章9.2~9.3）、俞晓红、谢岗（第4章4.1、4.2）、费海波、张德文（第9章9.1）、张鹏、赵濈（第3章3.6~3.7），重庆交通大学汪承志（第4章4.3~4.4、第5、6章）、王多银（第3章3.1~3.2、3.4~3.5、3.9~3.10、第7章），四川省交通运输厅交通勘察设计研究院郝岭、李跃卿、吴礼国（第3章3.3）。

本书主要应用于码头结构和码头装卸设备的抗震建设领域，适用于内河港口和沿海港口，可用于指导港口抗震建设，提高港口防震减灾的能力。

本书得到了交通运输部和交通运输部水运科学研究院的大力支持，有关专家对本书研究成果提出了宝贵的意见，在此对以上单位和人员均表示感谢。

由于作者水平所限，书中不当及错误之处在所难免，诚请读者指正。

作者

2015 年 7 月

目 录

1 绪 论

1.1 地震

1.1.1 地震的定义

何为地震？广义而言，地震是地球表层的震动。根据震动性质的不同，地震可分为三类：天然地震、人工地震和脉动。狭义而言，人们平时所说的地震是指能够形成灾害的天然地震。

地震又称地动、地震动，是地壳快速释放能量的过程中造成的震动，期间会产生地震波的一种自然现象，是自然灾害中危害最大的灾难之一。地震一般发生在地壳之中。地壳内部在不停地变化，由此而产生力的作用（即内力作用），使地壳岩层变形、断裂、错动，于是便发生地震。地震发生频率频繁，资料显示，地球上每年约发生 500 多万次地震，即每天要发生上万次地震，但绝大多数地震太小或太远以至于人们感觉不到；真正能对人类造成严重危害的地震每年大约有一二十次；能造成特别严重灾害的地震每年大约有一两次。人们感觉不到的地震，须用地震仪才能记录下来；不同类型的地震仪能记录不同强度、不同远近的地震。目前，世界上运转着数以千计的各种地震仪器日夜监测着地震的动向。

地震开始发生的地点称为震源，震源正上方的地面称为震中（图 1–1）。破坏性地震的地面震动最烈（激烈）处称为急震区，急震区往往也就是震中所在的地区。地震常常造成严重人员伤亡，不仅会引起火灾、水灾、有毒气体泄漏、细菌及放射物质扩散，还会造成海啸、滑坡、崩塌、地裂缝等次生灾害。

1.1.2 地震的类型

（1）按地震发生的位置分类

①板缘地震（板块边界地震）：发生在板块边界上的地震。环太平洋地震带上绝大多数地震属于此类。

②板内地震：发生在板块内部的地震。如欧亚大陆内部（包括中国）的地震多属此类。板内地震除与板块运动有关，还要受局部地质环境的影响，其发震的原因与规律比板缘地震更复杂。

③火山地震：由火山爆发时所引起的能量冲击而产生的地壳震动。

（2）根据震动性质的不同分类

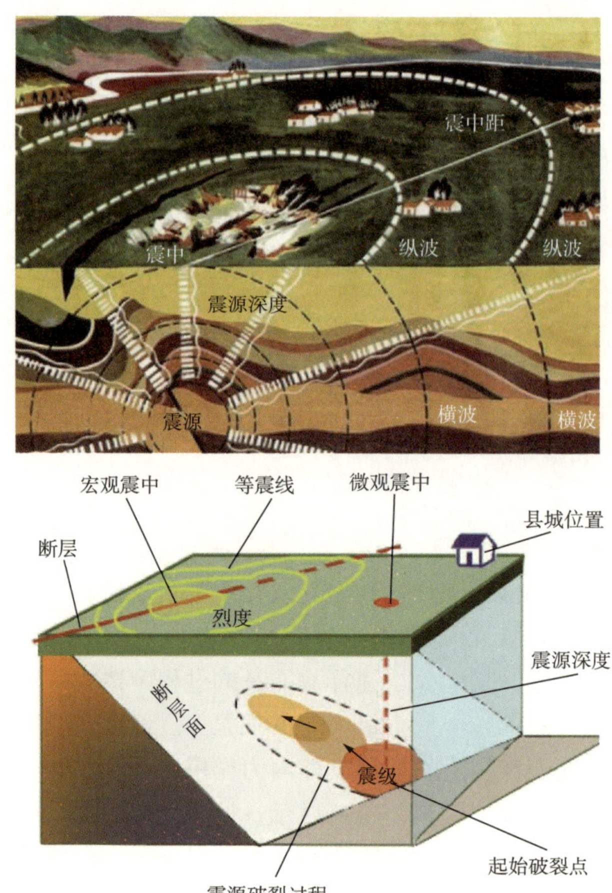

图 1-1　地震示意图

①天然地震：指自然界发生的地震现象。

②人工地震：由爆破、核试验等人为因素引起的地面震动。

③脉动：由于大气活动、海浪冲击等原因引起的地球表层的经常性微动。

（3）按地震形成的原因分类

①构造地震：由于岩层断裂，发生变位错动，在地质构造上发生巨大变化而产生的地震，所以叫做构造地震，也叫断裂地震。这类地震发生的次数最多，占全球地震总数的 90% 以上，破坏力也最大。

构造地震又可分为以下几种：

A. 孤立型地震：有突出的主震，余震次数少、强度低；主震所释放的能量占全序列的 99.9% 以上；主震震级和最大余震相差 2.4 级以上。

B. 主震—余震型地震：主震非常突出，余震十分丰富；最大地震所释放的能量占全序列的 90% 以上；主震震级和最大余震相差 0.7 ~ 2.4 级。

C. 双震型地震：一次地震活动序列中，90% 以上的能量主要由发生时间接近、地点接近、大小接近的两次地震释放。

D. 震群型地震：有两个以上大小相近的主震，余震十分丰富；主要能量通过多次震级相近的地震释放，最大地震所释放的能量占全序列的 90% 以下；主震震级和最大余震相差 0.7 级以下。

②火山地震：由于火山作用、岩浆活动、气体爆炸等引起的能量冲击而产生的地壳震动。火山地震有时也相当强烈。但这种地震所波及的地区通常只限于火山附近的几十公里范围内，而且发生次数较少，只占地震总次数的 7% 左右，所造成的危害较轻。

③陷落地震：由于地层陷落引起的地震，如地下溶洞支撑不住顶部的重量时，就会塌陷引起震动。这种地震发生的次数更少，只占地震总次数的 3% 左右，震级很小，影响范围有限，破坏也较小。

④诱发地震：在特定的地区因某种地壳外界因素诱发（如陨石坠落、水库蓄水、深井注水）而引起的地震。

⑤人工地震：地下核爆炸、炸药爆破等人为引起的地面震动称为人工地震。 人工地震是由人为活动引起的地震，如工业爆破、地下核爆炸造成的震动。

（4）按震源深度进行分类

①浅源地震：震源深度小于 60km 的地震，大多数破坏性地震是浅源地震。

②中源地震：震源深度为 60 ～ 300km。

③深源地震：震源深度在 300km 以上的地震，到目前为止，世界上记录到的最深地震的震源深度为 786km。

一年中，全球所有地震释放的能量约有 85% 来自浅源地震，12% 来自中源地震，3% 来自深源地震。

（5）按地震的远近分类

①地方震：震中距小于 100km 的地震。

②近震：震中距为 100 ～ 1 000km 的地震。

③远震：震中距大于 1 000km 的地震。

（6）按震级大小分类

①弱震：震级小于 3 级的地震。

②有感地震：震级在 3.0 ～ 4.5 级，人能感觉到的地震。

③中强地震：震级大于 4.5 级，小于 6 级的地震。

④强震：震级大于 6.0 级的地震，其中又把震级大于 6.0 级、小于 8.0 级的地震称为强烈破坏性地震，大于 8.0 级的地震称为巨大地震。

（7）按破坏程度分类

①一般破坏性地震：造成数人至数十人死亡，或直接经济损失在 1 亿元以下（含 1 亿元）的地震。

②中等破坏性地震：造成数十人至数百人死亡，或直接经济损失在 1 亿元以上（不含 1 亿元）、5 亿元以下的地震。

③严重破坏性地震：人口稠密地区发生的 7 级以上地震、大中城市发生的 6 级以上地震，或者造成数百至数千人死亡，或直接经济损失在 5 亿元以上、30 亿元以下的

地震。

④特大破坏性地震：大中城市发生的7级以上地震，或造成万人以上死亡，或直接经济损失在30亿元以上的地震。

1.1.3 地震的传播方式

地震发生时，地震所释放的能量是以弹性波的形式在地球内部传播，称为地震波。地震波分为体波和面波。

体波又分为纵波和横波。震动方向与传播方向一致的波称为纵波，又叫P波；纵波是推进波，在地壳中传播速度一般为5.5～7.0km/s，最先到达震中，它引起地面上下颠簸震动，破坏性较弱。震动方向与波传播方向垂直的波为横波，又叫S波；横波是剪切波，在地壳中的传播速度为3.2～4.0km/s，第二个到达震中，它使地面发生前后、左右抖动，破坏性较强。由于纵波在地球内部传播速度大于横波，所以地震时，纵波总是先到达地表，而横波则落后一步。这样，发生较大的近震时，一般人们先感到上下颠簸，物体上下跳动，过数秒到十几秒后才感到有很强的水平晃动，物体会来回摆动。横波是造成破坏的主要原因。

面波，又称L波，是由纵波与横波在地表相遇后激发产生的混合波。其波长大、振幅强，只能沿地表面传播，是造成建筑物强烈破坏的主要因素。面波有多种，最重要的叫做瑞利波和勒夫波。面波传播速度小于横波，所以发生在横波之后。

纵波传到地面时，引起建筑物的竖向震动，竖向震动的加速度引起建筑物的竖向地震力。横波与面波使地面建筑物产生横向震动，地面的横向震动加速度引起建筑物的水平地震力。

在震中及其附近，纵波的作用强烈，必须考虑竖向地震力。一般情况下，纵波和横波不会同时到达，竖向地震力和水平地震力可以分别考虑。

1.2 我国地震带分布概况

地震具有一定的时空分布规律。从时间上看，地震有活跃期和平静期交替出现的周期性现象。从空间上看，地震的分布呈一定的带状，称地震带，主要集中在环太平洋和地中海—喜马拉雅两大地震带。太平洋地震带几乎集中了全世界80%以上的浅源地震（0～70km）、全部的中源地震（70～300km）和深源地震（300km以上），所释放的地震能量约占全部能量的80%。

我国地处欧亚大陆东南部，位于环太平洋地震带和欧亚地震带之间，有些地区本身就是这两个地震带的组成部分。受太平洋板块、印度洋板块和菲律宾板块的挤压作用，我国地质构造复杂，地震断裂带十分发育，地震活动的范围广、强度大、频率高。在全球大陆地区的大地震中，有1/4～1/3发生在我国。自1900年至20世纪末，我国已发生4级以上地震3 800余次；其中，6～6.9级地震460余次，7～7.9级地震99次，8级以上地震9次。

据我国地震台网监测，每年发生在我国及周边的5级以上地震有三四十次，2013年为45次，2014年为31次，2015年至今已发生了18次。由此可见，我国地震发生之频繁。

我国的地震活动主要分布在5个地区的23条地震带上。这5个地区是：台湾及其附近海域；西南地区，主要是西藏、四川西部和云南中西部；西北地区，主要在甘肃河西走廊、青海、宁夏、天山南北麓；华北地区，主要在太行山两侧、汾渭河谷、阴山—燕山一带、山东中部和渤海湾；东南沿海的广东、福建等地。我国台湾位于环太平洋地震带上，西藏、新疆、云南、四川、青海等省（自治区）位于喜马拉雅—地中海地震带上，其他省区处于相关的地震带上。

我国西部地震频度高，东部地震影响大。受印度洋板块的不断北移影响，我国西部地区的地震在频度和烈度上都远远高于东部地区。而东部地区人口稠密，工业发达，一旦发生破坏性地震，将会造成巨大的人员伤亡和财产损失，影响极大。

我国地处世界上两个最活跃的地震带，即东濒环太平洋地震带及横穿我国西部和西南部地区的欧亚地震带，这种特殊的地理环境，导致我国地震活动频度高、强度大、震源浅、分布广，是震灾最严重的国家之一。20世纪以来，我国共发生6级以上地震近800次，遍布除贵州、浙江两省和香港特别行政区以外所有的省、自治区、直辖市，地震成灾面积达30多万平方公里，房屋倒塌达700万间，死于地震的人数达55万之多，占同期全球地震死亡人数的53%。我国国土占世界陆地面积的7%，却承受了全球33%的大陆强震，是世界上大陆强震最多的国家。

据统计，全球每年大约发生500万次地震，但绝大多数是人们感觉不到的小地震，大地震相对较少。其中，6级以上地震每年发生1～200次，7级以上大地震平均每年发生18次，8级以上特大地震平均每年发生1～2次。

20世纪，全球共发生3次8.6级以上的强烈地震，其中两次发生在我国；全球发生两次导致万人死亡的强烈地震也都发生在我国，一次是1920年宁夏海原地震，造成23万余人死亡；一次是1976年河北唐山地震，造成24万余人死亡。这两次地震死亡人数之多，在全世界也是绝无仅有的。

现阶段地震预测技术不发达，难以准确预测出何时何地会发生地震，因此提高人们的防震意识和建筑物、设备的抗震能力对地震时减少损失是至关重要的。

1.3 码头抗震技术研究的意义

我国是一个多地震的国家，历史上曾发生过多次强地震。有记载资料显示，1976年唐山地震，天津港遭到了严重破坏，造成重大经济损失。建造在海河沿岸的20个河岸码头和建造在塘沽新港的26个海港码头及相关设备都遭受了不同程度的震害。2008年的汶川地震，造成大量房屋倒塌和损毁，经济损失严重，给人民群众生命、财产造成了巨大损失。汶川地震波及范围之广，破坏力之大，使汶川以及周边地区的公路、桥梁、隧道等交通基础设施遭到严重破坏，邻近地区比如重庆、四川、贵州等地的内河港口也受到一定的影响，但由于距离较远，对这些码头影响较小，码头基本可以保证正常运转。近两年又发生了雅安地震（2013 年）、玉树地震（2010 年）等，地震的频发及其不可预测性，使我们不得不提高设防等级，研究港口码头的抗震技术，确保地震中遭受的损失降到最低。

国外方面，1995 年发生的日本阪神大地震使神户港码头等设施损坏十分严重，约有116km 的岸线大部分受灾，集装箱吊装机械脱轨，行走装置损坏。此外，吸粮机、煤气专用机械、气动装料机等都受到损坏。2011 年发生的日本 3·11 地震，引发了强烈的海啸，对日本东北部港口的损坏程度非常严重，防波堤严重受损或者被摧毁，部分港口的岸基被严重破坏；地震使仙台港受到很大破坏，地面崩裂、防护堤破损、设备遭严重破坏，货场一片狼藉，损毁严重。此外，智利大地震、海地大地震等都对港口码头造成了不同程度的毁坏。

对于地震灾害，预防措施应当是最主要的方法，虽然临时性的地震预报可以大大减少人员伤亡，但是根本性的预防措施在于采取合理的结构抗震设计方法，提高结构的抗震能力，避免结构的倒塌和严重破坏。

我国水资源丰富，大大小小的码头有上万个，内河运输具有成本低、运能大、污染少、占地少、能源消耗小、基础设施建设投资相对较低等特有优势，且还可借江出海，大大提高了运输效率。2014 年国务院印发的《关于依托黄金水道推动长江经济带发展的指导意见》中已明确指出，我国需依托黄金水道推动长江经济带发展，打造我国经济新支撑带。开发内河航运具有较大的潜在优势，且也顺应我国经济可持续地科学发展的战略要求。

内河码头是内河航运水陆交通的集结点和枢纽，有效推进了国土资源和矿产资源的开发，促进了沿江、沿河产业密集区的形成，加强了区域间的经济和物资交流。我国内河码头建设起步较晚，技术和设备设施落后，而且大多具有大水位差、大流速和裸岩、陡岩、大起伏地形等复杂地质条件，抗震性能复杂，因此，研究内河码头抗震技术是至关重要的，可以加快我国内河码头建设抗震技术的发展，最大限度地降低地震对码头造成的破坏，确保地震发生后码头能满足震区水上交通运输的需要，为震区抗震自救提供畅通的生命线。

1.4 码头抗震技术的现状

码头在日常的使用过程中，除了承受码头地面荷载以及船舶和水流的作用之外，同时也必然承受相应的动力荷载，包括偶然的地震作用。因此，码头抗震分析是码头结构力学特性的一个重要组成部分。经过国内外学者长时间的研究以及工程实践，抗震设计方法经历了几个不同的阶段，从初始的刚性设计以及柔性设计到现在广泛应用的延性设计，再到应用越来越多的隔震、消能抗震控制设计。地震灾害由于具有很强的不确定性，而且造成的经济损失和人员伤亡很严重，因此已引起国内外的地震研究者以及工程界的学者的高度重视，他们都积极地对目前的抗震设计方法进行着深深的思考。

我国西部河流大都具有山区大水位差的特点，码头采用的结构形式主要有直立式码头、斜坡式码头两大类。其中直立式码头中主要有高桩码头、墩式码头和重力式码头等；斜坡式码头中主要有实体式斜坡码头、架空式斜坡码头和实体与架空混合式斜坡码头等。此外，也有采用浮码头这种形式的。

我国开展内河港口码头结构形式和装卸工艺的研究很早，通过多年的研究和建设，从当时的技术和经济等方面总结出了一些成功的经验，研究指出：当设计高低水位差较小时（$\Delta H \leqslant 8.0$m）一般采用直立式码头（如长江南京以下的干支流、珠江水系下游、黑龙江水系等）；当设计高低水位差在 8 ～ 17m 时，对于件杂货和散货装船，一般采用直立式码头（如长江中游的武汉港等），对于专用散货卸船码头宜采用斜坡码头；当设计高低水位差大于 17m 时，一般应以斜坡码头为主（如长江上游的重庆港等）。针对高变幅水位码头采用斜坡缆车工艺造成装卸环节多、货损大、效率低等问题，重点放在装卸工艺的改进上，并对此进行了专题研究，并取得了一些实用成果。对长江三峡库区的码头结构进行了研究，对部分成果已进行了初步应用，取得了较好的经济效益。针对水位差在 8 ～ 17m 的条件下直立式码头的设计与建设，有关单位进行了科技攻关（如红钢城多用途码头等），并对此进行了大量的研究和应用，提出并成功建设了多种架空直立式码头结构形式，如上部结构采用分层系缆的框架式码头（如武汉港的杨泗庙集装箱码头、青山粮食码头、泸州集装箱码头等）、采用桥式起重机装卸的桥吊码头（如武汉武钢重件码头等）和采用浮式系缆的高桩梁板式码头（如武汉港的红钢城多用途码头等）等，下部结构采用预应力混凝土大管桩（武汉港的红钢城多用途码头等）、嵌岩灌注桩（宜昌三峡工程重件码头、湖南城陵机粮食码头等）等形式，取得了显著的成果，推动了我国内河中水位差条件下港口码头的发展。

我国是个多地震的国家，但有关码头震害的资料较少。在唐山地震以前，仅对 1969 年广东阴江地震有简单的记载。1976 年唐山地震，天津港遭到了严重破坏，造成重大经济损失。建造在海河沿岸的 20 个河岸码头和建造在塘沽新港的 26 个海港码头都遭受了不同程度的震害。据统计，46 个码头总长度为 7 426m，出现中等破坏和严重破坏的有 2 117m，占 28.51%；主要震害表现为斜桩断裂、桩帽碎落、承台变形、挡土墙沉降位移等。

对于内河大水深、高变幅水位码头的力学特性研究，国外由于缺乏类似的河流条件，几乎未见相应的研究，也罕见相应的研究成果报道。国外对码头结构抗震的研究多集中在海港上，主要有：

在试验和现场调查方面，早在 1948 年日本新泻地震时，砂土液化导致昭和大桥桩基破坏就引起了人们的注意，1994 年诺斯雷奇地震和 1995 年阪神地震码头桩基的破坏更引起了人们的注意；Charles W. Roeder 对美国（1989，Loma Prieta)、日本（1995，Great Hanshin）和土耳其（1999，Kocaeli）发生的地震进行了分析，经过多次抗震性能试验研究，指出桩基码头土体液化、不适当的码头结构性能和节点性能是造成码头结构破坏的主要原因。

在数值分析和理论研究方面，PenZien 等用随机振动分析方法研究了海浪和强震作用下，底部固定的近海塔架平台安全性，研究了塔架底部的抗剪能力和倾覆弯矩；Venkataramana 等研究了在地震和波浪共同作用下近海平台结构的力学响应；Parra 等提出了研究在 10 ～ 35m 水深湖中的钢筋混凝土石油平台在地层荷载作用下的竖向和斜向抗震性能；Ganev 等根据 1995 年阪神地震桥塔强震观测数据资料，对斜拉桥的抗震进行了分析。

码头装卸设备机型种类繁多，有岸边起重机、门式起重机、门座起重机、正面吊运机、跨运车等。码头装卸设备技术成熟，但对其抗震设计研究较少，国外大部分国家的起重机设计规范中一般都不考虑地震引起的荷载，只有多地震国家的日本，制定了专门的起重机抗震设计规范[《Guideline for seismic desugn of cranes》（JCAS 1101—2008）]，对地震荷载的计算方法作了较为详细的规定。苏联的《起重机手册》也提出了地震荷载的计算公式，在其第二章荷载中提到："在地震区安装高架起重机应考虑水平地震荷载的作用。水平地震荷载 $P = k_1G$，式中，G 为起重机自重或所考虑部分的重量；k_1 为与地震烈度有关的地震系数，7 级烈度区：0.025，8 级烈度区：0.05；9 级烈度区：0.1。"我国的《起重机设计规范》（GB/T 3811—2008）指出，对于多地震区域使用的起重机应考虑地震荷载的作用进行设计；但对于地震荷载的计算，没有给出明确的计算方法。

2 我国内河码头地震烈度概况

2.1 我国内河码头分布概况

2.1.1 我国内河运输体系

内河水运是指使用船舶通过江湖河川等天然或人工水道，运送货物和旅客的一种运输方式，具有占地少、运能大、能耗低、污染小的优势。它是综合运输体系和水资源综合利用的重要组成部分，在现代化的运输中起着重要的辅助作用，是实现经济社会可持续发展的重要资源。

近年来，我国内河航道、港口设施建设取得了显著成绩，内河水运货运量持续增长，运输船舶大型化、标准化趋势明显，水运市场日趋活跃，内河水运进入了快速发展的较好时期。

目前，我国已形成了以长江、珠江、京杭运河、淮河、黑龙江和松辽水系为主体以及我国西部地区主要内河水系为辅的内河水运布局，内河水运服务腹地有了较大的延伸和扩展，服务质量明显提高，为流域经济社会的持续、快速发展发挥了重要作用。表 2–1 列出了我国主要河流长度与流域面积。

我国主要河流长度与流域面积　　表 2–1

名　称	全长（km）	流域面积（万 km^2）
长江	6 300	180
黄河	5 464	75
珠江	2 215	45
京杭运河	1 801	—
松花江	1 927	54
辽河	1 430	23
塔里木河	2 137	102
钱塘江	605	4.88
闽江	577	6.1
韩江	325	3.43
淮河	1 000	27
黑龙江	3 420	162

(1)长江水系

长江全长 6 300km,是我国东西水上运输的大动脉,天然河道优越,有“黄金水道”之称。长江水系庞大,浩荡的长江干流加上沿途 700 余条支流,纵贯南北,汇集而成一片流经 180 余万平方千米的广大地区,占我国国土总面积的 18.8%。长江的主要支流有雅砻江、岷江、嘉陵江、乌江、沅江、汉江和赣江等,它们的平均流量都在 1 000m^3/s 以上,其中,流域面积以嘉陵江为最大,为 16 万 km^2;长度以汉江最长,为 1 577km;水量以岷江最丰,为 877 亿 m^3。长江流域大部分处于亚热带季风气候区,温暖湿润,多年平均降水量为 1 100mm,多年平均入海水量近 1 亿 m^3。

长江水运承担了沿江 85% 的煤炭和铁矿石、83% 的石油、87% 的外贸货物运输量。长江黄金水道已经成为流域经济社会发展的重要引擎,有力地促进了流域经济社会发展与繁荣。经过大规模的整治建设,长江干线通航能力显著增强,长江水系高等级航道初具雏形,目前,长江干线宜宾至重庆段为 3 级航道,可通航千吨级船舶;重庆至武汉段为 2 级航道,可通航 1000 ~ 5000 吨级船舶和万吨级船队;武汉以下为 1 级航道,武汉至南京可通航 5000 吨级海轮和万吨级船队,南京以下可通航 3 万吨级海轮,5 万吨级海轮可常年到达太仓。

随着沿江经济的飞速发展和“黄金水道”建设力度的不断加大,截至 2014 年年底,长江水系 14 省(直辖市)拥有运输船舶 14.7 万艘,总运力 1.68 亿 t;生产专用码头泊位 4 079 个,其中万吨级泊位 477 个;拥有南通、太仓、张家港、江阴、泰州、镇江、南京、芜湖、武汉、岳阳、重庆 11 个亿吨级大港。2014 年全年长江干线规模以上港口完成货物吞吐量 19.9 亿 t,外贸货物吞吐量 2.6 亿 t、集装箱吞吐量 1 300 万 TEU。长江水系港口分布情况如图 2–1 所示。

(2)珠江水系

珠江流域由西江、北江、东江流域及珠江三角洲四部分组成,地跨滇、黔、桂、粤、湘、赣六省(自治区)及越南部分地区,流域总面积如 45.5m^2,其中我国境内面积为 44.2 万 m^2。西江是珠江水系的主流,发源于云南省沾益县马雄山,流经云南、贵州、广西、广东等省(自治区),流域面积为 35.3 万 m^2。自江源至出海口依次称南盘江、红水河、黔江、浔江、西江。珠江是我国七大江河之一,流域内各河流水量充沛,河道稳定,具有良好的航运条件,珠江水系干支流总长 36 000km,通航总里程 14 000 多千米,约占全国内河航运里程的 1/8,水运量居全国第二位。珠江作为我国径流量第二大河流,目前已成为我国大宗散货和集装箱运输的重要运输通道。2014 年珠江水系全年货运量、货物周转量、客运量和旅客周转量分别完成 7.1 亿 t · km、1 462.3 亿 t · km、1 605 万人 · km 和 8.6 亿人 · km,与 2013 年同期相比分别增长 14.7%、8.3%、1.8% 和 1.2%;其中集装箱货运量 1 307 万 TEU,与 2013 年同期相比增长 19.4%。

据统计,在珠三角地区,33% 的调进煤炭、50% 的调进油气、66% 的调进粮食都是通过内河运输;广州港货物吞吐量的 1/3 是由珠江水运进行集疏运;喂给香港的集装箱运量约占香港港集装箱总量的 20%;西江干线长洲水利枢纽过坝运量 3 600 多万吨;珠江水系内河集装箱运量占到了全国内河集装箱运量的 50% 以上。珠江航运为支持流域经济发展作出了重要贡献。珠江水系港口分布情况如图 2–2 所示。

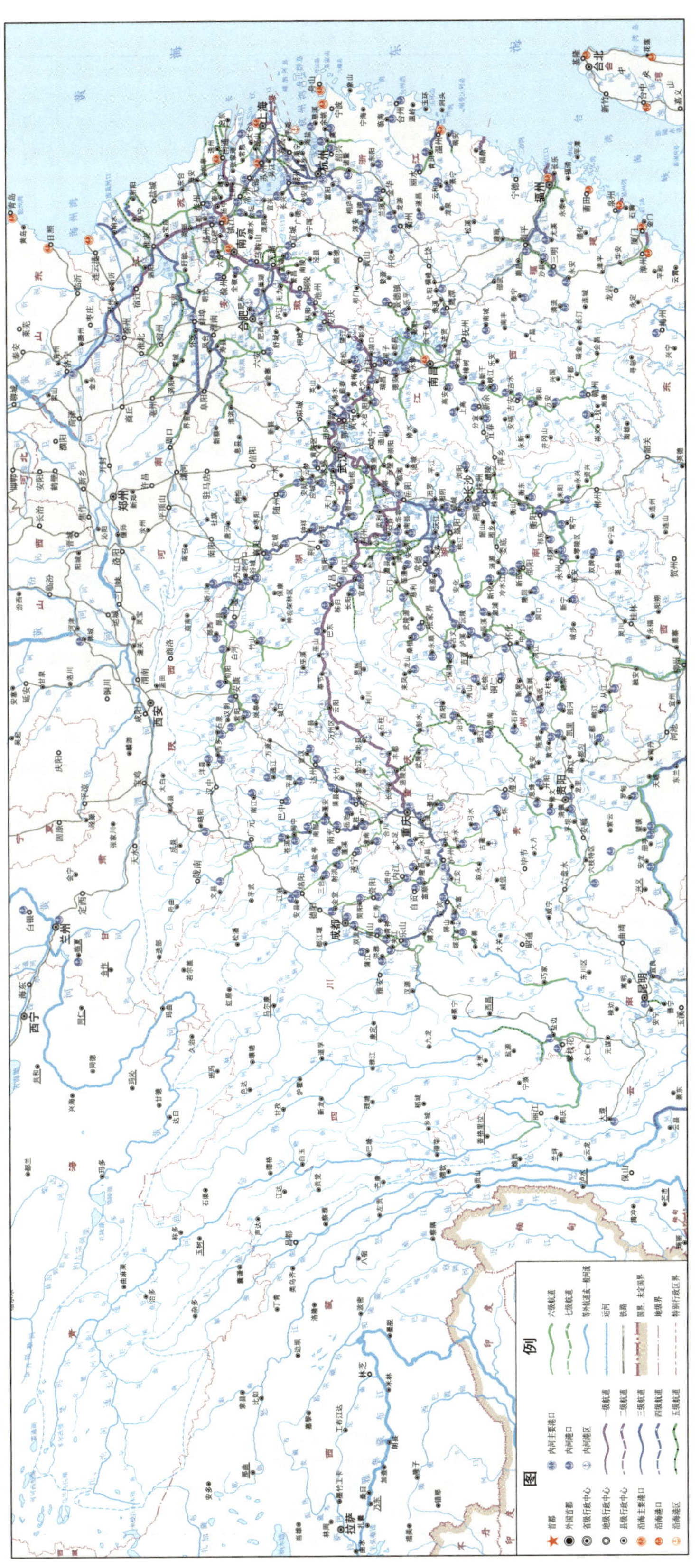

图 2-1 长江水系港口分布图[审图号：GS（2008）337号]

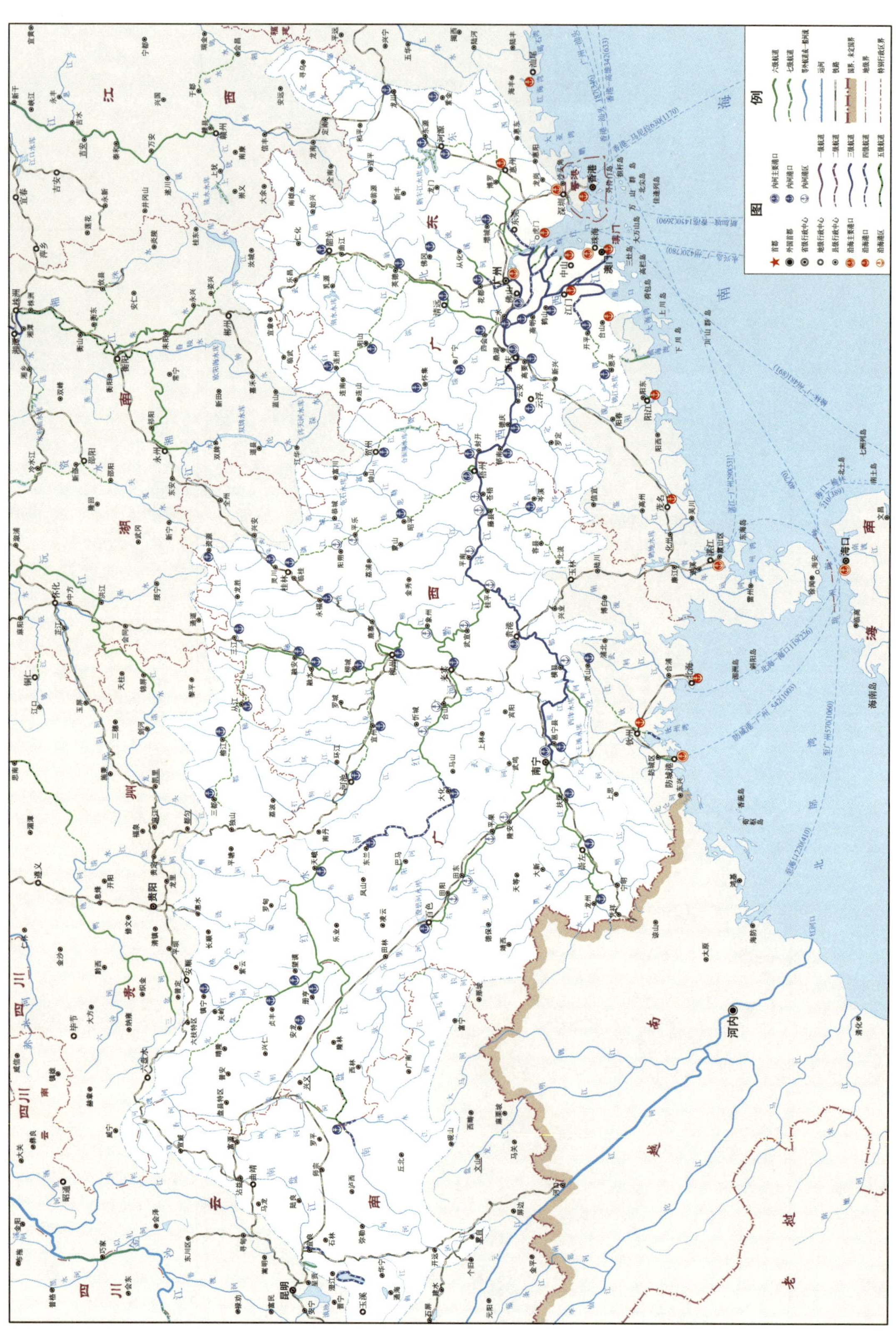

图 2-2 珠江水系港口分布图[审图号：GS（2008）337号]

（3）京杭运河与淮河水系

京杭运河已有 2 500 多年历史，是世界上开凿时间最早、里程最长的人工运河。至 2012 年，京杭运河的通航里程为 1 442km，其中全年通航里程为 877km，主要分布在山东济宁市以南、江苏和浙江三省。目前，该运河已形成济宁、徐州、无锡、苏州、杭州 5 个年吞吐量在 4 000 万 t 以上的内河大港。京杭运河港口分布情况如图 2–3 所示。

淮河水系位于黄河与长江之间，包括众多汇入淮河的支流。淮河干流发源于桐柏山太白顶北麓，其显著特点是支流南北很不对称。北岸支流多而长，流经黄淮平原；南岸支流少而短，流经山地、丘陵。

（4）黑龙江和松辽水系

黑龙江省位于我国东北北部边陲，北以黑龙江、东以乌苏里江、松阿察河和兴凯湖为界，与俄罗斯隔岸相望。松花江由西向东偏北横穿黑龙江全省，嫩江由北向南纵贯黑龙江西部部分市县，并以大部江段为界与内蒙古、吉林为邻。

黑龙江省有得天独厚的水运资源，主要通航河流有：黑龙江（1 890km）、松花江（928km）、嫩江、乌苏里江和兴凯湖、镜泊湖以及呼兰河等一些支流，已形成以松花江和黑龙江为骨干的水运网，现通航总里程为 5 057km，以通航 1000 吨级驳船组成的顶推船队为主，辅以 600t 和 300t 驳船组成的顶推船队。其中黑龙江、松花江和嫩江大安以下河段（48km）可通航 1000 吨级船舶，是国家内河水运主通道，长 2 866km，占现可通航 1000 吨级以上船舶的全国内河水运主通道里程的 30.2%。黑龙江省境中俄界河通航里程长达 2 661km，经俄罗斯境内的黑龙江下游通航出海的航道已于 1992 年开通，2000 ~ 3000 吨级的江海轮由内河直达日本、韩国，成为东北亚的黄金水道，被誉为“东方水上丝绸之路”。通过水运，将黑龙江省内哈尔滨、佳木斯、齐齐哈尔、黑河、同江、抚远等诸多城市与俄罗斯远东地区的哈巴罗夫斯克、布拉戈维申斯克、共青城等著名城市连在了一起。黑龙江省共有哈尔滨、佳木斯、黑河、同江、抚远等 15 个对外开放的水运口岸，承担着中俄边贸、外贸和江海联运进出关的任务。目前，中俄边贸、外贸已走出连续多年的低谷，呈迅猛发展的态势，俄方的机械设备、木材、石油、水泥、钢材，我方的农产品、日化轻工产品，源源不断地运入对方口岸。黑龙江、松辽水系港口分布情况如图 2–4 所示。

（5）我国西部地区主要内河水系

①澜沧江水系

澜沧江发源于青海省唐古拉山东北部，流经西藏自治区、云南省境内，于勐腊县出境。澜沧江出境后称湄公河。澜沧江—湄公河是一条沿南北方向发育的重要国际河流，从河源到河口，干流全长 4 880km，流域面积约 80 万 km^2，落差 5 167m，平均比降为 1.04‰，多年平均径流量为 4 750 亿 m^3。

澜沧江在云南省境内河长 1 247km，内河道窄、比降大、险滩多，全江通航难度大，目前仅下游可通航 300 吨级船舶。1990 年以来，中、老、缅、泰四国在澜沧江—湄公河通道问题上进行了多次考察和协商，四国政府于 2000 年正式签署了“澜沧江—湄公河通河协议”，于 2001 年 6 月正式实现了通航。

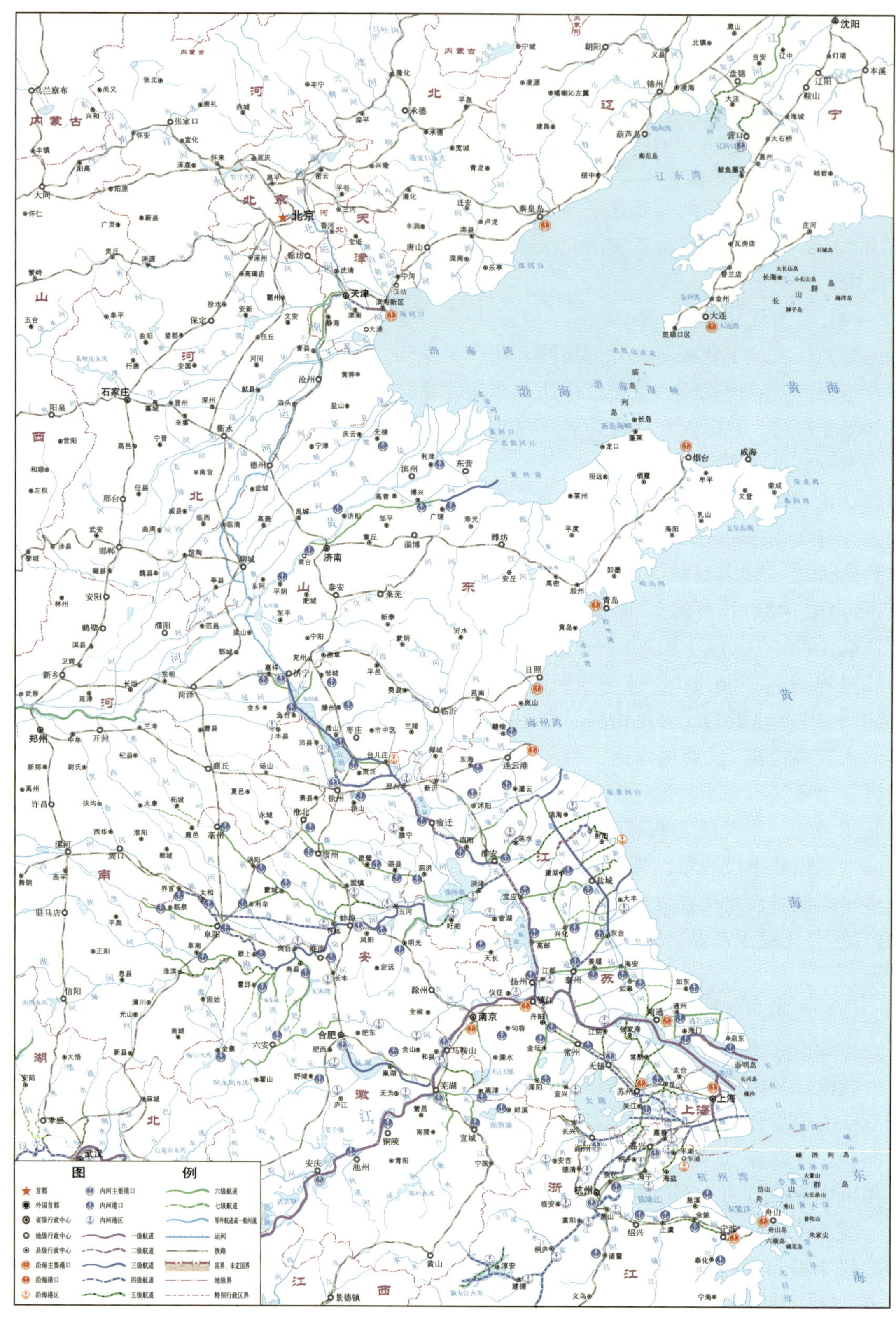

图 2-3 京杭运河淮河水系港口分布图 [审图号：GS（2008）337 号]

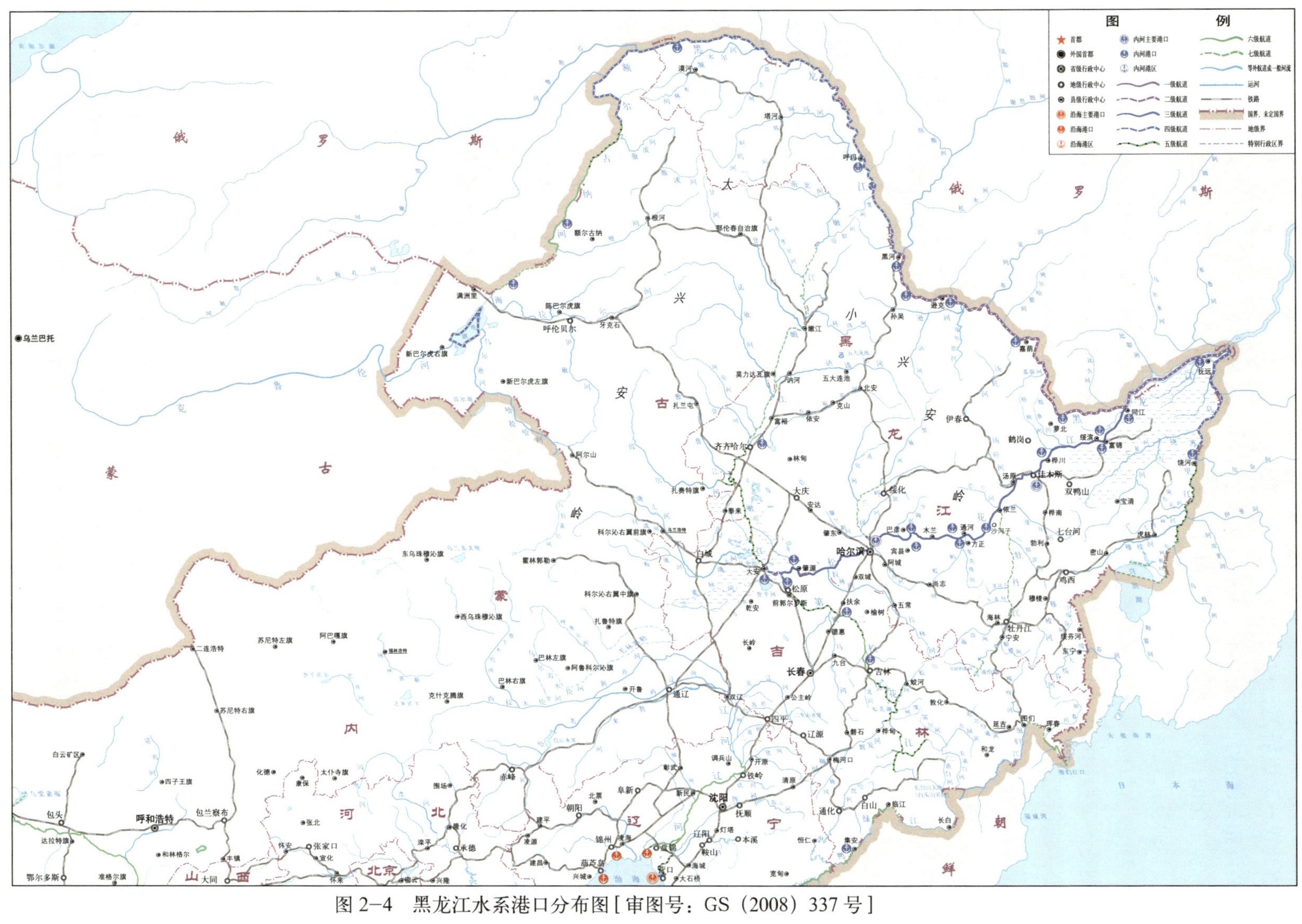

图 2-4 黑龙江水系港口分布图[审图号：GS（2008）337号]

澜沧江自功果桥至南腊河口长约754km为通航河段。其中南得坝以下至南腊河口段航道为Ⅳ～Ⅴ级航道，可通航150～300吨级船舶。澜沧江下游云南省境内的重要港口有思茅港和景洪港。澜沧江航运基础设施发展滞后，云南省澜沧江航道通航条件较差，缺少航标、工作船舶以及通信等必要的配套设施，航道管理和维护体系尚未建立，船舶航行安全受到影响，航运效力未能充分发挥。

"十三五"时期，将全面推动澜沧江连接湄公河国际航运升级发展，积极推进湄公河二期整治工程建设，加快国内段航道升级改造，实现国际航道常年通行500吨级船舶的目标；加快沿江主要港口功能扩容，建设2～3个集疏运港区，逐步提高港口现代化装卸水平，提升国际航运的互联互通能力。

②红河水系

红河发源于滇西大理州巍山县境内，流经越南北部，最后注入北部湾。红河全长1 280km，流域面积为11.3万km^2。其中在云南省境内长695km，流域面积为38 095km^2，天然落差2 674.6m，河床比降3.95‰。

目前，红河从蛮耗至河口101km河段可季节性通航20吨级船舶，中洪水期可通100吨级船舶；从河口出境至越南海防486km航道，通航条件较好。其中：河口至越南安沛155km河段，水道狭窄，且有礁石浅滩10余处，目前越南对航行船舶吃水控制在1.4m以下，枯水期可通航20吨级船舶；安沛至越池120km可通航100～300吨级船舶；越池至河内65km可通航400～500吨级船舶；河内至海防146km是红河最繁忙的一段，航道畅通，可通行1200吨级顶推船队。

红河历来就是云南的重要出口通道，其内河航运历史悠久。随着腹地经济的发展，红河将成为中越两国之间重要的水上国际运输通道，成为云南省通航里程最短的出海运输通道和出海口，能有效促进红河沿河地区以及云南省外向型经济的发展、资源的开发，推动滇越间贸易发展，加快沿河百姓脱贫致富的步伐。

由于近些年红河航运发展受航道和国际通航协议等诸多限制，发展极为缓慢，港口建设也没有发展起来，只有少量沿河村寨渡口和为界河旅游提供快艇停靠的简易码头。为开发红河航运，云南省航运部门未雨绸缪，提供航运服务和旅游开发的河口港选址已经确定，其位于河口县城北山开发区中的红河岸边。

根据红河水电梯级开发规划、运输发展需求、航道条件等因素，考虑到红河蛮耗至河口101km航道，水流比较平稳，开发条件较好，规划到2020年，元江以下至河口289km航道结合水电梯级开发进行渠化，达到通航300吨级船舶的五级航道标准，各枢纽通航建筑物规模按通航300吨级船舶考虑。

③怒江水系

怒江是流经云南省的三大国际河流之一，发源于青藏高原唐古拉山南麓，经西藏流入怒江傈僳族自治州境内，纵贯贡山、福贡、泸水等县，流入保山市出境，进入缅甸后称萨尔温江，最后在仰光东侧注入印度洋的安达曼海。怒江—萨尔温江全长3 200km，流域面积32.5万km^2，在中国境内长约2 013km，流域面积达12.48万km^2，每年流出国境的水量比黄河入海水量还多。

怒江水流急、滩险多，目前基本处于不通航状态。根据《怒江中下游流域水电规划报告》，初步拟订中下游梯级开发方案为：松塔（龙头水库）—丙中洛—马吉（龙头水库）—鹿马登—福贡—碧江—亚碧罗—泸水—六库—石头寨—赛格—岩桑树—光坡的“两库十三级”开发方案，并争取于2020年前，在怒江中下游云南省境内规划建设11级电站，分别为六库、泸水、亚碧罗、碧江、福贡、鹿马登、马吉、贡山、闪打、丙中洛、松塔。

目前，怒江水系尚无正规港口码头。

④金沙江与长江上游

金沙江是长江的上游河段，发源于青藏高原唐古拉山脉格拉丹东香山西南侧的沱沱河，流经青海、西藏、四川、云南四省（自治区）。青海玉树以上称通天河，玉树至宜宾称金沙江，全长2 316km，流域面积约50万km^2。金沙江在西藏芒康进入云南及四川，至宜宾峨江口长1 668km，其中，四川攀枝花以上887km河段多在云南省境内，攀枝花至水富河段751km多为滇川边界，水富至宜宾30km河段位于四川省境内。习惯上将金沙江干流分为上、中、下三段，石鼓以上为上游河段，石鼓至雅碧江口为中游河段，雅碧江口至宜宾为下游河段。

金沙江是滇北地区通往长江，联系华东、华中及海外的重要水上运输大通道，水富以下的长江是交通运输部规划的全国内河高等级航道。金沙江内河航运依托其优越的水运条件，将在滇北地区沿江工业和腹地经济发展、矿产资源开发中发挥重要作用。

“十三五”时期，将全面提升金沙江连接长江水运通道的能力，实施水富港扩能项目，加大港口吞吐能力和集疏运能力，破解电站碍航难题，实施四级电站通航设施建设，力争将金沙江航运上延至元谋，实现金沙江至长江航道的上下畅通。

金沙江货运量以矿建材料、煤炭、非金属矿石等干散货及旅客运输为主，并兼有少量件杂货和农副产品、化肥等。金沙江的港口主要有水富港、绥江港、志成港等。

⑤南盘江与西江流域

南盘江是西江主源，发源于云南省沾益县马雄山南麓，在贵州省蔗香与北盘江交汇。其干流从马雄山到蔗香全长908.7km，其中在云南省境内640km。南盘江干流宜良高古马铁路桥梁以上称上段，该段河长266.75km，落差619.5m，平均比降为2.32‰，河流纵贯松林、沾益、曲靖、越州、陆良和宜良盆地，盆地之间有较短峡谷相连，呈串珠式阶梯下降。宜良高古马铁路桥至开远泸江口称中段，河段长157.14km，落差489.34m，平均比降3.11‰，河道穿行于峡谷，唯盘溪一段河谷较宽阔，局部为丘陵。开远沪江口至双江口称下段，河段长484.83km，落差730.84m，平均比降为1.51‰，河流穿过高山深谷，落差多集中在天生桥，坝索至纳贡19.35km河段，达184.37m，目前该段已建有天生桥一级、二级水电站及平班水电站。

南盘江云南境内拟开发的航段为开远小龙潭至黄泥河口长226km河段，该段属峡谷地区，平均比降为1.38‰，一般水深为1.6～2.0m，最小水深为0.2m，河宽50～60m。

南盘江航道是沟通云南、贵州、广西三省（自治区）的重要水上运输干线，能够促进两省（自治区）交界处的经济发展和经济合作，该航道主要为省际货物运输服务，同时，为天生桥库区的水上旅游和沿岸居民的出行服务。

受天生桥水利枢纽的影响，南盘江航道不能和下游沟通，内河航运将局限在天生桥大坝以内范围发展，综合考虑货物批址、运距等因素，规划到2020年，开远以下规划水电梯级相继建成，结合水电梯级进行渠化，规划开远至坝达182km航道为通航100吨级船舶的六级航道。

总体来看，南盘江下游天生桥库区为六级航道，可通航100吨级船舶，其他支流为自然航道，营运组织方式为单船运输。

南盘江现有港口均分布在云、贵与桂交界处，分别为高良港、八大河港和鲁布革港。现有港口的吨位不大，吞吐量有限。

2.1.2 我国内河港口概况

截至2014年，我国港口拥有生产用码头泊位31 705个，其中，内河港口生产用码头泊位25 871个，内河港口万吨级及以上泊位406个，主要分布在长江、珠江、京杭运河与淮河水系。为充分发挥内河水运优势，指导内河水运健康发展，满足客货运量不断增长的发展趋势，完善国家综合运输体系，促进水资源综合开发与合理利用，交通运输部和国家发展改革委组织编制了《全国内河航道与港口布局规划》（以下简称《规划》），在实施期（2007 ~ 2020年）内指导我国内河水运建设和发展。《规划》将全国内河航道划分为两个层次，即高等级航道和其他等级航道；将内河港口划分为三个层次，包括主要港口、地区重要港口和一般港口，进而形成由通航千吨级及以上内河船舶的高等级航道为骨干、主要港口为主体的全国内河航道和港口体系，促进运输船舶大型化、标准化，内河水运资源得到有效的开发利用，内河水运优势充分发挥，并与其他运输方式共同构筑完善的综合运输体系。

《规划》中内河主要港口是指地理位置重要、吞吐量较大、对经济发展影响较广的港口，包括泸州港、重庆港、宜昌港、荆州港、武汉港、黄石港、长沙港、岳阳港、南昌港、九江港、芜湖港、安庆港、马鞍山港、合肥港、湖州港、嘉兴内河港、济宁港、徐州港、无锡港、杭州港、蚌埠港、南宁港、贵港港、梧州港、肇庆港、佛山港、哈尔滨港、佳木斯港。其中，泸州港是四川及云贵北部地区水上最重要的出海通道和实现江海联运的枢纽港，是全国内河第一个铁路直通码头的集装箱码头；重庆港作为长江流域主要港口之一，是长江上游最大的内河主枢纽港，同时重庆港、武汉港、岳阳港及芜湖港也是我国内河的亿吨大港；南宁港、贵港港、梧州港、肇庆港、佛山港隶属于珠江流域的内河港口，其中贵港港是华南和整个西部地区最大的内河港口；哈尔滨港、佳木斯港是我国东北地区最主要的两个内河港口，隶属于黑龙江和松辽水系。我国内河主要港口分布情况如图2–5所示。

与运输市场发展相适应，依托内河航道和城镇的分布，我国内河港口初步形成了长江干线、珠江三角洲集装箱运输系统的框架，以及长江干线矿石运输系统，长江水系、珠江水系、京杭运河与淮河水系煤炭运输系统的港口布局。

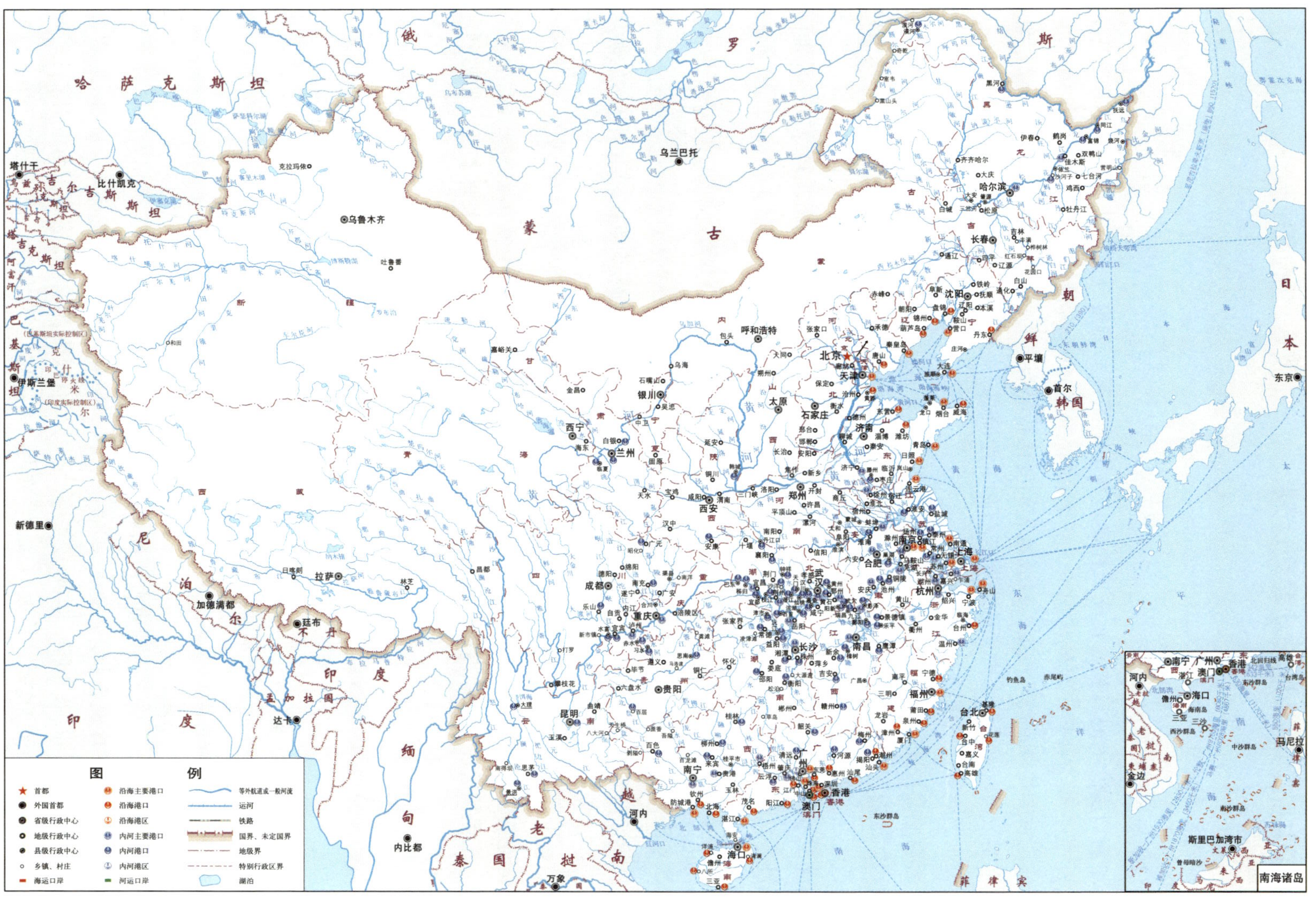

图 2-5 我国内河主要港口分布图[审图号：GS（2008）337 号]

2.2 我国内河码头地震动参数区划

2.2.1 地震烈度

（1）地震烈度定义

地震烈度表示地震对地表及工程建筑物影响的强弱程度（或释为地震影响和破坏的程度），是在没有仪器记录的情况下，凭地震时人们的感觉或地震发生后器物反应的程度，工程建筑物的损坏或破坏程度，以及地表的变化状况而定的一种宏观尺度。因此，烈度的鉴定主要依靠对上述几个方面的宏观考察和定性描述。

（2）影响地震烈度的主要因素

影响地震烈度的主要因素有：震级及震源参数、震源深度、离震中的距离、岩石性质和结构、地形、地基。一般震源愈浅、离震中愈近、地形愈高、土质愈松散、地下水位愈浅的地区，烈度愈高。在地形和地基基本相同的地区，离地震断层愈近，烈度愈高。地震的烈度在不同方向有所不同，如在覆盖上层浅的山区衰减快，而在覆盖土层厚的平原地区衰减慢。

（3）地震烈度的用途

①地震区划。地震区划表示将来一定期限内可能发生在某一区域内的最大烈度，用于估计一个建设地区可能发生的地震影响大小。

②震后应急救灾。地震烈度可简单粗略地表示一次地震的影响范围和不同区域的破坏程度，这是震后政府和社会公众急切关心的资料。迅速的烈度评定便于了解灾情，用于指导应急救灾。

③地震学和地震工程学相关研究。

④工程抗震设计。地震动参数是进行工程结构抗震设计所必需的物理参数，地震烈度蕴含了地震动强弱的概念。对烈度与地震动参数相关性的研究，是决策采用抗震设计地震动的基础之一。

⑤防灾规划和震害预测。结构的地震易损性多是基于烈度和相应震害的经验资料得出的，故在防灾规划编制和结构震害预测中，多采用地震烈度作为地震动强弱的指标，进而估计不同烈度下房屋和各类工程结构的预期破坏等级，评估城镇现有的抗震能力和抗震薄弱环节。

（4）地震烈度表

把人对地震的感觉、地面及地面上建筑物遭受地震影响和自然破坏的各种现象，按照不同程度划分等级，依次排列成表，称为地震烈度表。

最早的地震烈度表是卡塔尔迪（J.Cataldi）在1564年编制的，现已废弃。目前，世界上地震烈度表的种类很多，以十二度表较普遍，此外尚有八度表和十度表等。西方国家比较通行的是改进的麦加利烈度表，简称M.M.烈度表，该从Ⅰ度到Ⅻ度共分12个烈度等级。日本将无感定为0度，有感则分为Ⅰ～Ⅶ度，共8个等级。我国按12个烈度等级划分烈度，见表2–2。

中国地震烈度表 表 2-2

地震烈度	人的感觉	房屋震害			其他震害现象	水平向地面运动	
		类型	震害程度	平均震害指数		峰值加速度 (m/s^2)	峰值速度 (m/s)
Ⅰ	无感	—	—	—	—	—	—
Ⅱ	室内个别静止中的人有感觉	—	—	—	—	—	—
Ⅲ	室内少数静止中的人有感觉	—	门、窗轻微作响	—	悬挂物微动	—	—
Ⅳ	室内多数人、室外少数人有感觉，少数人梦中惊醒	—	门、窗作响	—	悬挂物明显摆动，器皿作响	—	—
Ⅴ	室内绝大多数、室外多数人有感觉，多数人梦中惊醒	—	门窗、屋顶、屋架颤动作响，灰土掉落，个别房屋抹灰出现细微细裂缝，个别有檐瓦掉落，个别屋顶烟囱掉砖	—	悬挂物大幅度晃动，不稳定器物摇动或翻倒	0.31 (0.22 ~ 0.44)	0.03 (0.02 ~ 0.04)
Ⅵ	多数人站立不稳，少数人惊逃户外	A	少数中等破坏，多数轻微破坏和／或基本完好	0.00 ~ 0.11	家具和物品移动；河岸和松软土出现裂缝，饱和沙层出现喷沙冒水；个别独立砖烟囱轻度裂缝	0.63 (0.45 ~ 0.89)	0.06 (0.05 ~ 0.09)
		B	个别中等破坏，少数轻微破坏，多数基本完好				
		C	个别轻微破坏，大多数基本完好	0.00 ~ 0.08			
Ⅶ	大多数人惊逃户外，骑自行车的人有感觉，行驶中的汽车驾乘人员有感觉	A	少数毁坏和／或严重破坏，多数中等和／或轻微破坏	0.09 ~ 0.31	物体从架子上掉落；河岸出现塌方，饱和沙层常见喷水冒沙，松软土地上地裂缝较多；大多数独立砖烟囱中等破坏	1.25 (0.90 ~ 1.77)	0.13 (0.10 ~ 0.18)
		B	少数毁坏，多数严重和／或中等破坏				
		C	个别毁坏，少数严重破坏，多数中等和／或轻微破坏	0.07 ~ 0.22			
Ⅷ	多数人摇晃颠簸，行走困难	A	少数毁坏，多数严重和／或中等破坏	0.29 ~ 0.51	干硬土上出现裂缝，饱和沙层绝大多数喷沙冒水；大多数独立砖烟囱严重破坏	2.50 (1.78 ~ 3.53)	0.25 (0.19 ~ 0.35)
		B	个别毁坏，少数严重破坏，多数中等和／或轻微破坏				
		C	少数严重和／或中等破坏，多数轻微破坏	0.20 ~ 0.40			
Ⅸ	行动的人摔倒	A	多数严重破坏或／和毁坏	0.49 ~ 0.71	干硬土上多处出现裂缝，可见基岩裂缝、错动，滑坡、塌方常见；独立砖烟囱多数倒塌	5.00 (3.54 ~ 7.07)	0.50 (0.36 ~ 0.71)
		B	少数毁坏，多数严重和／或中等破坏				
		C	少数毁坏和／或严重破坏，多数中等和／或轻微破坏	0.38 ~ 0.60			
Ⅹ	骑自行车的人会摔倒，处不稳状态的人会摔离原地，有抛起感	A	绝大多数毁坏	0.69 ~ 0.91	山崩和地震断裂出现；基岩上拱桥破坏；大多数独立砖烟囱从根部破坏或倒塌	10.00 (7.08 ~ 14.14)	1.00 (0.72 ~ 1.41)
		B	大多数毁坏				
		C	多数毁坏和／或严重破坏	0.58 ~ 0.80			

续上表

地震烈度	人的感觉	房屋震害			其他震害现象	水平向地面运动	
		类型	震害程度	平均震害指数		峰值加速度（m/s²）	峰值速度（m/s）
Ⅺ	—	A	绝大多数毁坏	0.89 ~ 1.00	地震断裂延续很大，大量山崩滑坡	—	—
		B					
		C		0.78 ~ 1.00			
Ⅻ	—	A	—	1.00	地面剧烈变化，山河改观	—	—
		B					
		C					

注：表中的数量词，“个别”指10%以下，“少数”指10%～45%，“多数”指40%～70%，“大多数”指60%～90%，“绝大多数”指80%以上。

日本地震烈度表（Japanese seismic intensity scale）是日本根据本国情况制定的地震烈度表。在制定时，除根据宏观地震现象外，还考虑了地震时地面的最大水平加速度。日本地震烈度表将地震烈度划分为从0度到Ⅶ度8个等级（表2–3），它与一般划分为12个等级的地震烈度表差别较大。

日本地震烈度表 表2–3

烈度	名称	说　明	峰值加速度（m/s²）
0	无感觉	人无感觉，地震仪可以记录到	< 0.003
Ⅰ	微震	静止的人或对地震特别注意的人能感到有地震	0.008 ~ 0.025
Ⅱ	轻震	多数人可感到，屏风仅有轻微的震动	0.025 ~ 0.08
Ⅲ	弱震	房屋摇动，屏风咔咔响，电灯等垂吊物在摇动，容器内水面发生波动	0.08 ~ 0.25
Ⅳ	中震	房屋强烈摇动，放置不稳的花瓶等倾倒，容器内水外溢，行人有感，人逃屋外	0.25 ~ 0.8
Ⅴ	强震	墙壁裂缝，墓碑、石灯笼倒塌，烟囱毁坏	0.8 ~ 2.5
Ⅵ	烈震	房屋倒塌30%以下，山崩、地裂，多数人无法站立	2.5 ~ 4
Ⅶ	激震	房屋倒塌30%以上，山崩、地裂，有断层发生	> 4

2.2.2 地震烈度同地震震级的区别

（1）地震震级定义

地震震级是描述地震强度大小的一种基本参数，一般用M表示。目前世界上使用的震级标度很多，常用的有近震震级M_L、面波震级M_S和体波震级M_B，不同震级标度可通过一定的经验公式互换。

近震震级由美国地震学家里克特（Richter）于1935年提出，是指在震中距100km处，利用标准地震仪记录的地震波最大振幅来确定的震级，亦称里氏震级。后由古登堡(Gutenberg)推广到远震面波震级和体波震级，形成所谓“里克特—古登堡震级体系”。各国在此震级体系的基础上，根据不同的仪器和区域特点相继发展了适用于本地区的震级公式。由于里氏震级在地震震级强到一定程度，如 8 级以上时，将很难精确反映地震强度和地震震级的对应关系，即出现所谓“震级饱和”，因此日本学者金森博雄又提出了新的地震标度，即矩震级 M_W。它是通过对断层错动引起的地震强度的直接测量来标度震级。目前各种震级标度仍然存在偏差大、物理基础不充分、种类多而不统一等问题。

（2）地震烈度与地震震级的区别

从概念上讲，地震烈度与地震震级有严格的区别，不可互相混淆。震级代表地震本身的大小强弱，它由震源发出的地震波能量来决定，对于同一次地震只应有一个数值。烈度在同一次地震中是因地而异的，它受当地自然和人为条件的影响。一般震中所在地区烈度最高，称为极震区。随着震中距的增大，烈度总的趋势是逐渐降低，但由于种种其他因素的影响，难免有起伏不定的变化。

对震级相同的地震来说，震源越浅，震中距越短，则烈度一般就越高。同样，当地的地质构造是否稳定，土壤结构是否坚实，房屋和其他构筑物是否坚固耐震，对于当地的烈度高或低有着直接的影响。一次地震中，人们一般只强调震中(或称极震区)的烈度。

2.2.3 我国地震动参数区划

我国从 20 世纪 30 年代开始做地震区划工作。新中国成立以来，曾三次（1956 年、1977 年、1990 年）编制全国性的地震烈度区划图。《中国地震烈度区划图》（1990 年）是根据国家抗震设防需要和当时的科学技术水平，按照长时期内各地可能遭受的地震危险程度对国土进行划分，以图的形式展示地区间潜在地震危险性的差异，将全国划分为：< 6 度、6 度、7 度、8 度和≥ 9 度五类地区。

国家质量技术监督局 2001 年发布并实施了 1 ∶ 400 万《中国地震动参数区划图》（GB 18306—2001）及说明书，规定直接采用地震动参数（地震动峰值加速度和地震反应谱特征周期），不再采用地震基本烈度。2015 年，国家质量监督检验检疫总局对《中国地震动参数区划图》（GB 18306—2001）进行了修订，于 2015 年 5 月 15 日发布了《中国地震动参数区划图》（GB 18306—2015），并规定自 2016 年 6 月 1 日起实施。该标准给出了我国地震动参数区划图技术要素、基本规定和地震动参数确定方法。其适用于一般建设工程的抗震设防，以及社会经济发展规划和国土利用规划、防灾减灾规划、环境保护规划等相关规划的编制。

2.3 内河码头抗震设计

（1）我国主要港口地震动参数区划图

结合内河已建港口码头条件，以及规划建设的港口码头情况，分析内河码头建设与抗震的关系，并绘制基于地震动参数的内河码头分布图，对内河港口抗震研究有着重要的意义。将我国主要港口分布图与地震动参数区划图叠合，可以得到我国主要港口地震动参数区划图。

(2) 内河主要港口地震动参数概况

根据国家质量技术监督局2015年发布、2016年6月1日开始实施的《中国地震动参数区划图》(GB 18306—2015),我国内河主要港口地震烈度、动参数对照表如表2-4所示。

内河主要港口地震烈度、动参数对照表　表2-4

港　口	地震动峰值加速度(g)	地震动反应谱特征周期(s)	地震基本烈度(度)
泸州港	0.05	0.35	6
宜宾港	0.10	0.4	7
乐山港	0.10	0.4	7
重庆港	0.05	0.35	6
南宁港	0.01	0.35	7
贵港港	0.05	0.35	6
梧州港	0.05	0.35	6
宜昌港	0.05	0.35	6
荆州港	0.05	0.35	6
武汉港	0.05	0.35	6
黄石港	0.05	0.35	6
长沙港	0.05	0.35	6
岳阳港	0.1	0.35	7
南昌港	0.05	0.35	6
九江港	0.05	0.35	6
芜湖港	0.05	0.35	6
安庆港	0.1	0.35	7
马鞍山港	0.1	0.35	7
合肥港	0.1	0.35	7
湖州港	0.05	0.35	6
嘉兴内河港	0.1	0.35	7
济宁港	0.05	0.45	6
徐州港	0.10	0.45	7
无锡港	0.1	0.35	7
杭州港	0.1	0.35	7
蚌埠港	0.10	0.35	7
肇庆港	0.1	0.35	7
佛山港	0.1	0.35	7
哈尔滨港	0.1	0.35	7
佳木斯港	0.1	0.35	7

注:表中g表示重力加速度。后同。

(3) 内河码头抗震设计应按照《水运工程抗震设计规范》(JTS 146—2012)执行

3 地震对港口码头的破坏形式及成因

3.1 概述

1976年唐山地震，天津港码头及相关设备都遭受了不同程度的破坏。1995年发生的日本阪神大地震使神户港码头及集装箱吊装机械等都受到损坏。2008年5月汶川地震使汶川以及周边地区的交通基础设施遭到严重破坏，邻近地区的内河港口也受到一定的影响。2010年1月12日海地发生里氏7.0级强烈地震，首都太子港的建筑受损严重，给救灾和灾后重建带来严重的影响。2010年2月27日智利海滨城市康塞普西翁市东北部91km处发生里氏8.8级大地震，港口设施损坏严重。2011年3月11日在日本本州东海岸附近海域发生里氏9级地震，震源深度约20km，这次地震对沿海的水工结构和核电站设施造成了严重的损坏。

近百年的地震实践表明，地震作用下码头结构破坏很严重。我国西部和西南部地区众多河流被欧亚地震带横穿，码头震害发生频率非常高，而震害后水运又是救灾的重要通道，因此对于这些区域码头，抗震技术尤为重要。

本章主要研究历次大地震对港口码头的破坏情况，分析其破坏原因，对今后码头抗震建设积累宝贵的经验具有积极的意义。

3.2 唐山大地震对港口码头结构的破坏状况

1976年7月28日，在河北省唐山、丰南一带，发生了7.8级强烈地震，震中区烈度11度，地震波及天津市和北京市。这次地震主要影响区域集中在工矿企业集中、人口稠密的城市，不幸造成242 419人丧生，100多万人受伤，数十万居民转眼变成失去家园的难民。

此次地震波及天津、塘沽，主要影响的港口是天津港和塘沽港。根据国家档案馆资料，塘沽受震烈度达8～9度，塘沽港震害呈带状分布，一条位于北塘，另一条穿过天津碱厂，震害最严重的区域分布走向大致与海河流向及海岸线平行；天津新港处于两条震害带的交织区域内，港内各种建筑物、构筑物破坏程度严重。震后，全港立即投入抗震救灾、恢复生产的工作，但还是历时6年至1982年才全面完成了对震损设施的修复加固。

3.2.1 塘沽地区码头结构的特点

根据国家档案馆对天津地震的记录，震后有关单位对新港26个深水海港泊位，塘沽海河两岸 20 个河港浅水码头进行了调查（图 3–1）。在这些被调查的码头水工结构中，除⑥是板桩结构外，其他均为高桩承台结构。同时，还对轻微破坏的新港船厂和新河船厂的三座船坞进行了调查。

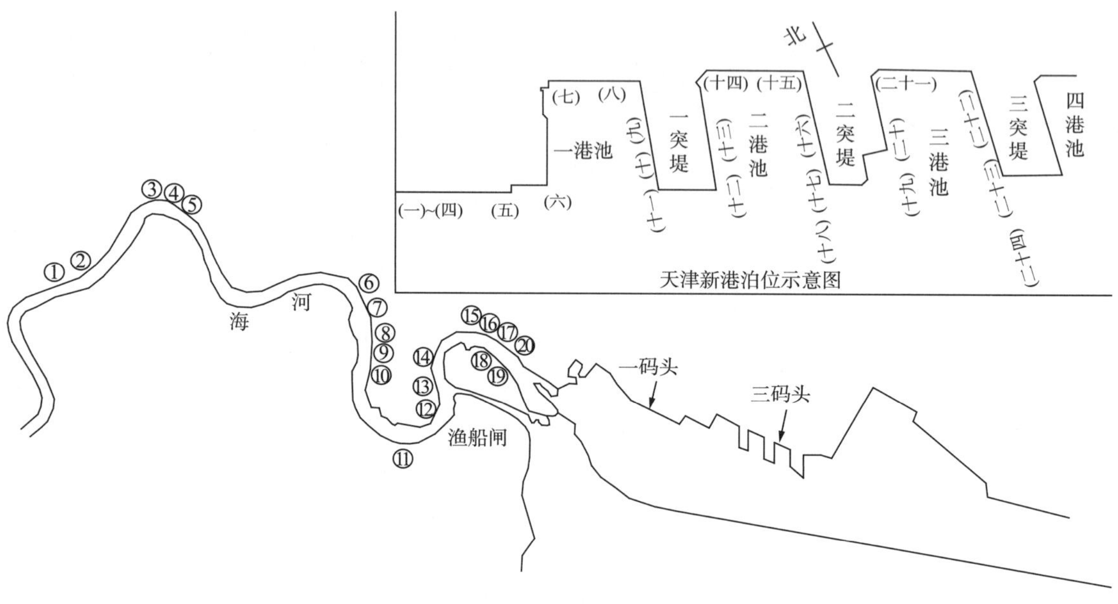

图 3–1　天津新港和海河震害调查码头位置示意图

调查的高桩码头水工结构，根据陆域条件和使用要求分前方平台、后方平台（海港通常使用）或引桥（河港一般采用）和接岸挡土结构几部分。调查的海港码头都是采用了前方平台 + 后方平台 + 挡土结构（图 3–2）；河港码头基本上都采用了前方平台 + 引桥 + 挡土结构。挡土结构大部分为混凝土或浆砌块石挡土墙，少量为后板桩式。海港码头后板桩设斜顶桩，河港码头后板桩大部分为无锚板桩，只有一个码头是有锚板桩。

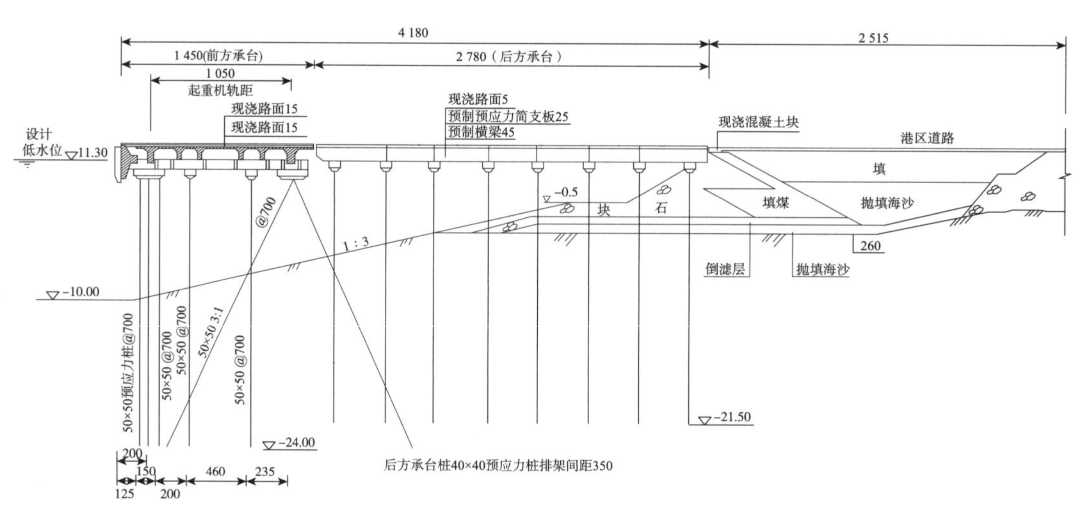

图 3–2　码头结构断面图（尺寸单位：cm；高程单位：m）

调查的板桩码头大部分是钢板桩，有一个码头是钢筋混凝土板桩。调查的所有板桩码头都设有锚碇结构。

3.2.2 码头震害情况调查

根据地震后的破坏情况（图 3–3），把码头的震害分为以下四类：

①严重破坏（Ⅰ级）：码头倒塌或承台整体变形明显，上部结构、基桩和挡土墙破坏严重，难以修复者。

②较严重破坏（Ⅱ级）：承台整体变形不明显，上部结构有不同程度的破坏，基桩和挡土结构有较严重的破坏，可以修复者。

③中等破坏（Ⅲ级）：承台整体变形不明显，上部结构基本无破坏，基桩和挡土结构有不同程度的破坏，可以修复者。

④完好或基本完好（Ⅳ级）：承台基本没有整体变形，上部结构无破坏，基桩和挡土结构有较轻破坏或无破坏，不需要修理或仅需一般修理者。

图 3–3 天津港码头震害情况

新港北疆港区高桩承台结构码头，虽承台整体变形不明显，但下部结构破坏较严重，受损情况分三类：第一类较严重破坏（Ⅱ级），上部结构有不同程度破坏，基桩和挡土结构破坏严重，占 22.5%；第二类中等破坏（Ⅱ级），上部结构基本无破坏（Ⅲ级），基桩和挡土结构有不同程度破坏，占 26.9%；第三类码头基本完好（Ⅳ级），不需要修理或仅需一般修理，占 50.6%。

塘沽海河港区码头受损情况分四类：第一类严重破坏（Ⅰ级），码头倒塌或承台整体明显变形，上部结构、桩基和挡土结构破坏严重，占 14.0%；第二类较严重破坏（Ⅲ级），占 26.1%；第三类中等破坏（Ⅲ级），占 34.3%；第四类基本完好（Ⅳ级），占 25.6%。

高桩码头各部位破坏情况如下：

（1）码头水工结构面层

海港码头上前后方承台间伸缩缝有明显变化，有的缝宽增加了 3 ~ 5cm，有的将施工时留下的木板条挤出。在码头根部伸缩缝处门机轨道和火车轨道均发生弯曲变形，一般为

3～6cm，最大者达 7.5cm，突堤根部的端部面层混凝土损坏较普遍。个别泊位面板出现纵向裂缝，长达数十米。码头端部有扭转现象，河港码头严重破坏时，因斜桩变位支顶面板隆起最大可达 40cm；一般破坏时则表现为开裂或沿伸缩缝错开。

（2）水工结构纵横梁

地震时，后方承台简支梁与前方承台横梁在惯性力作用下碰撞，致使端部混凝土劈裂。后方承台挤压前方承台，使前方横梁与桩帽连接处拉裂错位，最大达 3cm。新港十四、十五泊位有 12 根横梁下部开裂。

（3）基桩

前方承台叉桩：这次调查的新港和海河中的高桩码头的叉桩破坏情况严重，新港已建成的 20 个高桩承台码头泊位共裂桩、断桩 1 200 根；桩帽损坏 800 个，其中叉桩桩帽占 95%。叉桩是地震时承受水平力（岸坡土推力和结构惯性力）的主要构件，因而首先受到破坏，是码头受到破坏最严重、最普遍的部位。其中向岸斜桩为受拉受弯构件，受力条件最不利，破坏数量最多。破坏最严重的向岸斜桩倾倒，轻者桩或桩帽开裂，桩身裂缝宽度从肉眼可见至 1.5cm 以上，桩帽破坏严重时则完全劈开。

前方承台直桩：前方直桩是在叉桩受到严重破坏后才发生破坏的，因此破坏数量较少。后方靠岸 1～3 排直桩，直接承受岸坡土推力，破坏数量比较多。破坏形式多是向岸倾斜，严重的完全折断，桩帽与上部结构在岸侧拉开，严重的如十、二十泊位的钢铁码头后方直桩，在棱体面以下海侧发现裂缝。

（4）系船柱桩

海港系船柱桩破坏也比较普遍，部位与叉桩相同。河港系船柱桩破坏不多。

（5）挡土结构

挡土墙普遍下沉，最大下沉达 40～50cm。墙身随棱体一同滑移，并向岸倾斜，个别码头挡土墙受前方结构顶撑，发生横向断裂，部分挡土墙则位移、下沉或倾倒到承台一侧。

（6）板桩

板桩变形加大，帽梁向后倾斜，斜顶桩顶端嵌固的，原有裂缝加剧，顶端铰接者比较完好。

在上述各个部位中，震害比较集中在叉桩和接岸结构两个位置。

3.2.3 码头震害分析

对高桩码头震害进行分析得到了以下规律：

（1）码头设计抗震烈度为 6 度，且未考虑地震对岸坡推力的影响，因而强震时高桩码头受损最严重。

（2）烈度高，浅层存在易液化的土层，码头破坏严重。如于家堡外贸码头、冷库码头、新河外运码头都位于 9 度或 8 度强异常点地区，同时查明在 −3～−6m 存在松散粉细砂或亚砂土，又如航道局检修厂码头也在浅层存在亚砂土。这几个码头都是破坏最严重的，于家堡码头全长 102m，有一半倒入水中。

（3）旧有泊位，年久失修者破坏较重。如新港十四、十五泊位，在震前受土坡推力已有顶伤，46 对叉桩已有 41 对发现裂缝。这次地震后，这两个泊位的破坏程度也很严重。

（4）码头面上荷载越大，破坏越重。这次地震时，大部分码头上没有荷载或仅有少量荷载，只有新港九、十七和十八泊位的沙堆、盐堆高达 8m 以上，超过设计荷载，其破坏程度比较重。地震时，有船系泊的泊位也容易加大码头的位移。

（5）突堤码头的端部比中部破坏重。如新港五泊位东端和各突堤码头端部破坏较重。海河中码头两端破坏也比较严重。

（6）工程质量差，整体性不好，破坏严重。如航道局检修厂码头建于 1971 年，当时失于管理，冬季打的桩仅做了简单夹板处理，第二年被流水撞倒，经扶正后再做上部结构。码头建成后，又被大船撞坏。这次地震时，码头已不堪使用。另外，在两个破坏最严重的于家堡外贸和新河外运码头，可以明显看到桩帽和面板之间连接质量很差；相反，在地震后基本完好的新河储油所和渔轮厂码头，可以看到桩帽和面板结合面十分紧密，清楚地说明了结构整体性对结构抗震能力的重要性。

（7）栈桥式码头破坏较小。如于家堡附近的 3 个码头，外贸和冷库码头是满堂式的，破坏严重，位于这两个码头之间的捕捞公司码头，是栈桥式的，破坏比较轻。新港港内的供油码头，新港船厂的两座舾装码头，都是栈桥式码头，除根部少有损坏外，码头本身几乎完好无损。

（8）叉桩多的码头抗震性能好。从表 3-1 中的情况比较可以清楚地得到说明。

码头破坏情况汇总 表 3-1

码头名称	叉桩的平均间距	破坏程度
于家堡外贸码头	平均每 11.3m 一对叉桩	严重破坏
新河外运码头	平均每 10m 一对叉桩	严重破坏
冷库码头	平均每 7.1m 一对叉桩	较严重破坏
塘沽八号码头	平均每 4.4m 一对叉桩	中等破坏
塘沽九号码头	平均每 2m 一对叉桩	基本完好

（9）海港深水码头中桩径较粗者破坏不严重。调查发现，海港深水码头中桩径较粗（50 ~ 55cm）、桩台较宽（33 ~ 58m）、直桩较多（10 ~ 18 排），平均每 3.5 ~ 7m 有一对叉桩，除年久失修或超载使用者外，破坏不算严重。

（10）海港 4 个板桩泊位和河港两座板桩码头中，只有一航局船厂码头破坏比较严重。沿岸线普遍向河位移，最大 1.14m，最小 0.21m，板桩向后最大倾斜 7°40′，“鼓肚子”最大处 58cm。该码头破坏比较严重，亦与浅层存在松散粉细砂有关。

3.2.4 其他设施震害情况

唐山“7 · 28”大地震对港口的仓库、铁路、公路、厂房、供电设施等也都造成了不同程度的损坏。根据国家档案馆资料，新港有大型仓库 25 座受地震破坏，8 号库完全倒塌，10、11 号库损坏严重；7、9、301、302 号库墙体受震损，但骨架基本完好，12、13 号库基本完好，只有少量损坏；港区新建铁路线普遍下沉，个别线段沉降达 50 ~ 70cm，部分铁轨扭曲，隧洞下沉，灯桥位移；公路部分路基隆起或塌陷；港口 14 座燃料油库普遍下沉，护坡损坏；供油站变电室、泵房、润滑油库、锅炉房的墙体开裂、倾斜，损坏严重；港区厂房倒塌 5 栋，损坏严重的有 9 栋，一般损坏的有 12 栋；新港船闸受损后，整体沉降 40 ~ 50cm，闸首、闸底板出现裂缝，不能通航。

3.2.5 受损码头的修复加固

港口设施震损后的修复，原则是不降低原设计标准，并在抗震方面有所增强。深水码头泊位修复加固的技术措施如下：

（1）基桩及桩帽裂缝小于 0.1mm 的不作处理；裂缝为 0.1 ~ 0.5mm 的，剔深 1cm 三角槽，勾环氧沥青砂浆密封；裂缝为 0.5 ~ 2.0mm 的，剔深 1cm 三角槽，勾环氧沥青砂浆密封，并压灌环氧浆液；裂缝大于 2.0mm 的，外包钢筋混凝土。

（2）梁板构件裂缝小于 0.1mm 的不作处理；裂缝为 0.1mm 的，剔深 1cm 三角槽，勾环氧沥青砂浆密封，压灌环氧浆液；预制板裂缝上下连通且较大的，自上而下自流灌环氧浆液，或凿一条沟吊模板浇筑混凝土。

（3）基桩桩身断裂的，先恢复正位，再进行接桩；如断裂在桩帽以下附近，则连同桩帽一起包钢筋混凝土。

（4）后方承台简支梁被顶裂、顶碎的，清除破碎部分后压抹混凝土砂浆。

（5）桩帽、系船柱混凝土块体底部破碎剥落的，包钢筋混凝土。

（6）码头面、堆场地坪裂缝、沉陷部分，采取回填基础，重新浇筑混凝土面层。

通过震损调查和修复施工，有关单位进一步研究拟定了天津港水工及陆域建筑的抗震标准、抗震要求和计算方法，并研究了工程结构形式的改进，为以后港口工程设计中的抗震措施提供了依据。地震后，天津港各项工程设计的抗震均按烈度 8 度设防。

3.2.6 唐山地震对码头的破坏形式和成因分析

这次地震，塘沽地区大量码头都遭到了不同程度的破坏。新港 26 个深水泊位就有 19 个泊位不能靠船使用，使港口处于半瘫痪状态；海河两座外贸码头都遭到严重破坏，给外贸运输带来严重影响；其余码头也因遭到破坏，不能正常使用。分析其破坏的原因，主要有：

（1）设计时基本烈度定得过低，未考虑码头抗震设计。塘沽地区的基本烈度过去定为 6 度，因此全部码头都没有考虑抗震设防。这次地震，塘沽地区的实际烈度为 8 ~ 9 度，以致大部分码头受到不同程度破坏。

（2）设计中没有设想到地震时软土岸坡对码头的不利影响。塘沽地区的上部土层都是软弱的淤泥质土，并夹有亚砂土或粉砂夹层。这种地基条件对于水工建筑物的抗震性能非常不利。在强烈的地震波作用下，这种地基可能发生普遍下沉，岸坡发生前移甚至失稳。新港和海河两岸岸坡的变化以及码头的破坏情况，很清楚地说明了这些现象是确实存在的。

（3）未考虑地震时岸坡的下沉和位移。这种沉降和位移首先造成挡土结构的变形和破坏，同时也给前方码头结构增加水平推力，这一水平力在过去的设计中是没有考虑的。经调查认为，地震时，对于河港码头，岸坡土推力作用是码头破坏的主要原因；对于海港码头，岸坡土推力作用和结构惯性力作用，何者为主尚待作进一步定量分析，但二者都存在，都是不容忽视的。

(4) 海港有些泊位，在建成之后，向岸斜桩和靠岸直桩即出现裂缝，其原因即是受到岸坡的土推力作用。在强烈地震波作用下，这一作用肯定更大，必然使已有的裂缝更加增大。

(5) 在海河沿岸的于家堡外贸码头、冷库码头、新河外运码头、航道局检修厂码头，都发现地面以下 −3.0 ~ −6.0m 深处存在浅层松散粉砂和亚砂土，从地面冒沙、冒水的宏观现象看（于家堡外贸仓库有 900 余处冒沙），这层土地震时液化，这几个码头破坏严重，这层土的液化应是不可忽视的重要原因。新港和海河沿岸码头，岸坡变形是普遍的，只有于家堡外贸码头、新河外运码头和航道局检修厂码头滑动失稳现象比较明显，可能亦与浅层粉细砂液化有关。

(6) 在设计施工上还存在不利于抗震的不利环节。

①高桩码头主要靠叉桩承受水平力，设计中叉桩按仅承受轴向力考虑。从地震后叉桩的破坏情况看，这样考虑是与事实不符的。实际上，向岸斜桩受拉受弯，向海斜桩受压受弯。向岸斜桩处于比设计条件更不利的受力条件，所以破坏最严重、最普遍。当向岸斜桩受力超过一定限度后，码头其他部位即相继破坏。

②设计中未考虑岸坡对靠岸直桩的土压力，桩断面及配筋都比较薄弱，这次地震后，靠岸几排直桩破坏较普遍，且可能在棱体面以下开裂，修复比较困难。

③设计中，前后承台之间，挡土结构与前方结构之间，结构上只作一般分缝处理，地震时构件撞伤和挡土墙对前方挤压。

④施工中工程质量差，将大大降低码头抗震能力，前述已有实例，有些码头桩帽与上部结构连接不强，影响码头整体抵抗水平力的能力。

3.2.7 提高码头抗震能力的措施分析

对于合理设防，提高港口码头的抗震能力，有以下初步建议：

(1) 建议新码头或选择新港址要重视地震地质勘查。

通过这次新港地震调查，认识到位于河相冲击和海相沉积地层的港口，地震烈度往往出现异常，比地区背景要高 1 ~ 2 度。由此可见，码头设计时要根据地质构造查访断层地段和古河道位置，因地制宜地安排建设。

这次地震，海河沿岸存在浅层粉砂、亚砂土地区的码头都遭到严重的破坏，应该严肃吸取教训，建议今后应该尽量避开浅层存在粉砂、亚砂土地区建码头，如确实不能避开时，一定要采取妥善处理措施。

(2) 合理设防，提高新港码头的抗震能力。由于过去基本烈度定得过低，设计未考虑设防，以致塘沽码头受震后遭到较大的破坏。通过这次地震使我们认识到，今后在进行码头建设时必须考虑抗震设防。根据这次地震可知，在未考虑设防的条件下，少量码头破坏严重，大量码头受到不同程度破坏，还有部分码头基本完好的情况，把设防设得过高，过多地增加工程造价，也是不合理的。为此，今后港口码头可以按照地区基本烈度进行设防。经过这样的设防，对一些薄弱部位进行必要的加强以后，即可以保证发生与基本烈度相近的地震大部分码头可不损坏，高于基本烈度一两度的地震，大部分码头也可以不发生严重破坏。

（3）搞好抗震设计，确保施工质量。

①鉴于软土岸坡对码头受震时的不利影响，应对岸坡软弱的土层进行有效的加固措施，提高岸坡稳定，减少岸坡变形，减少岸坡对前方结构的侧向推力。

②对于高桩承台码头，叉桩是承受水平力的主要构件，靠岸直桩直接承受岸坡土压力，是保证码头整体安装的支柱，对这两部分应做必要的加强。办法有增加叉桩数量、加强叉桩和靠岸直桩抗弯断面以及在可能时向岸斜桩和靠岸直桩桩尖用钢桩等。

③要做好码头前后方承台之间，挡土结构与后方承台结构之间的分缝处理，以减少相互之间的不利作用。

④今后的施工方法和施工工艺要符合抗震要求，保证工程质量，如进行抛石施工时，应尽量压实，与岸坡形成整体，叉桩打桩时要尽量使之轴线相近。桩帽与上部结构的接头一定要做好，以加强码头建筑物的整体性。

⑤改进预制构件的搭接长度，采取措施防止预制梁、板在地震时塌落。

3.3　汶川地震对港口码头结构及类似结构的破坏状况

2008 年 5 月 12 日 14 时 28 分 4 秒我国四川省汶川县映秀镇发生里氏震级 8.0 级、矩震级 7.9 级的大地震，汶川地震是新中国成立以来影响最大的一次地震，震级是自 2001 年昆仑山大地震（8.1 级）后的第二大地震，直接严重受灾地区达 10 万 km^2。汶川地震造成的直接经济损失达 8 451 亿元人民币。

3.3.1　四川水运设施、港口分布及结构特点

四川省河流众多，全省共有通航河流 176 条，通航水库、湖泊 147 个，航道里程 1.2 万 km，主要航道有长江、金沙江、岷江、嘉陵江、渠江、涪江、沱江、赤水河等。

相对国内其他省份，四川省虽然水运资源丰富，但港口建设起步稍晚。在“十二五”之前，主要港口为泸州和宜宾两地，但规模小、装卸工艺落后的特点较为明显，码头结构形式也多为斜坡重力式结构。其他河流水运发展更加落后，多为一些解决当地群众出行的渡口，以及少量采砂企业修建的临时码头，而这些码头的结构形式更为简单，基本为顺应自然岸坡修建的一些下河公路和斜坡码头。

“十二五”时期至今，随着国家对内河航运建设提出了新的要求，四川水运建设进入了一个高速发展期，确定了“四江六港”的总体建设目标。截至 2015 年，宜宾、泸州、广安、南充和广元五大港口已基本建成投产，嘉陵江渠化基本完成，并即将开工建设。在后续的港口建设中，新建的港口设施大多为框架直立式结构，规模大、装卸工艺先进是一个明显的特点。

3.3.2 汶川地震对港口码头等水运设施的震害情况

3.3.2.1 主要灾害类型

根据四川港口码头及航运开发建设的情况，灾区港口码头等水运设施一般规模较小，地震对水运设施的破坏多为次生地质灾害造成。地震诱发的地质灾害主要类型有滑坡、崩坍、落石、泥石流、堰塞湖和溃坝等，对区域内水运交通基础设施造成了严重破坏。地震造成的水运设施受损类型主要包括：

（1）航道及航道设施

因地震航道两岸的山体滑坡、塌方造成航道堵塞、滩险、航道设施（含船闸）破坏等，堰塞湖泄水时对航道的冲刷，局部河段形成滩险，严重影响航道的通航。据统计，四川全省重灾区因地震造成航道堵塞共有 16 处，船闸闸坝受损共有 3 处，航标、信号台等其他航道设施受损共 3 处。

（2）港口码头及渡口改造

大面积山体崩塌、滑坡将码头掩埋、外推；地震的强烈纵、横波使码头圬工砌体向靠河流方向滑移，造成码头沉陷、开裂、变形，以及码头的配套设施受损等。全省重灾区因地震造成码头及渡口改造项目受损 134 个。

（3）海事监管工作房、监管设施设备

因地震造成海事监管工作房垮塌、倾斜、开裂等，监管设施设备受损，监管系统部分瘫痪，无法正常运行。

经统计，在汶川地震中造成的航道堵塞共 16 处，船闸闸坝受损 3 座，航标、信号台等航道设施受损 3 处，码头及渡口改造受损 134 个，海事监管工作房、监管设施设备受损 45 处。2013 年的芦山地震共造成水运设施破坏 30 处。

3.3.2.2 灾害实例分析

（1）较大的沉降、开裂、变形

地震的强烈纵、横波使砌体圬工向靠河流方向滑移，造成码头沉陷、开裂、变形等，如图 3–4 所示。

（2）桥梁垮塌、结构破坏

地震的强烈纵、横波使部分渡改人行桥直接垮塌，并发生结构性破坏，如图 3–5 所示。

（3）航道堵塞、码头被掩埋等破坏

地震时，造成航道两岸山体滑坡、塌方或崩塌，一是造成航道堵塞，二是容易将码头掩埋，三是将码头向河侧外推，从而影响航道通航和码头的使用。如图 3–6 所示。

（4）房屋垮塌，倾斜、开裂（图 3–7）

3.3.2.3 震害对水运设施的破坏分析

从震区的水运设施，包括航道及航道设施、港口码头等所受的震害来看，主要有以下特点：

（1）次生地质灾害是水运设施遭受破坏的主要因素。

（2）震区的港口码头多为简易码头，规模较小，且多无装卸设备，因此所受的震害并不完全具有代表性。

图 3-4　汶川地震中港口码头及渡口设施受损情况

图 3-5　汶川地震中垮塌的人行桥

图 3-6　汶川地震中航道两侧山体滑坡

a)

b)

图 3-7　汶川地震中垮塌的房屋

3.3.3 公路桥梁等类似结构的震害情况

随着经济社会的发展，内河港口码头，特别是长江上游地区，已由原来的简易码头向规模化、专业化和大型化方向发展，港口所具有的功能也越来越广泛，除了最基本的装卸功能外，还具有储存、物流等综合功能，因此也就要求港口的设施越发齐全，除供装卸作业所需的码头结构、装卸设备、流动机械外，还有供储存和物流功能的堆场、仓库等生产和生活辅助建筑，便利的集疏运所需的港内道路、与港外的连接道路、铁路等。在一些特殊功能港口中还有厂房、车间以及相应的设备设施等。因此，桥梁、公路、隧道、厂房等结构，与现代化港口中的结构有着较大的类似性，地震灾区中这些基础设施的破坏也会给港口设计提供了一定的借鉴经验。

3.3.3.1 主要灾害类型

根据汶川地震对公路等其他设施的破坏来看，其破坏类型包括震害和次生地质灾害两种。震害主要为强烈的地震波对路基、路面、护坡、桥梁等结构造成破坏，地震诱发的滑坡、崩坍、落石、泥石流、堰塞湖等，对区域内的公路、桥梁，甚至厂房等的掩埋，落石砸坏、堰塞湖引起水位上升淹没道路，或滑坡引起的河道改变造成的路基水毁等破坏，见表 3-2、表 3-3。

公路主要震害形式统计表　　表 3-2

主要结构		破 坏 形 式	备　注
路基	平原地区	液化	主要出现在软基区域的砂砾夹层处
		挡墙及边坡的变形、垮塌	变形和垮塌多向临空面发生，多为中下部
		开裂、隆升	隆升以横向为主，开裂以纵向为主
	山区	开裂、隆升	隆升以横向为主，开裂以纵向为主且伴有错台
		滑移	多为开裂后局部滑移，整体滑移较少
		沉陷	多为基础条件变化处，表现为软基沉陷伴有错台
		挡墙及边坡的滑移、垮塌	剪切破坏为主
		防护工程破坏失效	主要表现为抗滑桩倾斜变形、锚头脱落
桥梁		梁体移位	多为挡块破坏和支座滑移造成
		梁体垮塌	以部分垮塌为主
		墩柱压溃	以开裂和倒塌为主，主要发生在中下部
		附属设施破坏	主要表现为挡墙破坏，支座滑移、脱落
隧道		路面开裂	以纵向为主
		边墙破坏、钢筋扭曲	以开裂、错缝为主，伴有下沉、变形、渗漏水发生
		衬砌破坏	素混凝土衬砌以开裂、剥落、垮塌为主； 钢筋混凝土衬砌以剥落、钢筋扭曲变形为主
		仰拱破坏	以隆升、拱顶坍塌、剥落、错台、碎裂为主

地震次生地质灾害形式统计表 表 3-3

次生地质灾害主要表现形式	破坏形态	备　注
滑坡	以掩埋破坏为主	对路基、桥梁、隧道洞口掩埋等
崩塌	以砸坏、击穿破坏为主	对路面、梁体的砸碎以及明洞的击穿
泥石流	掩埋、冲毁破坏，以掩埋为主	—
碎屑流	冲毁破坏	主要表现为对路基、桥基础的冲毁破坏
堰塞湖	淹没破坏	对公路、桥梁的淹没

（1）路基、路面的典型震害

地震的强烈纵、横波造成支挡结构破坏失效，以及路基和路面整体错动、滑移、坍塌、沉陷、隆起、挤压的结构性破坏；因地震造成的山体崩塌、滑坡将路基掩埋、推毁路基、落石砸坏路面和路基等，从而影响使用。

路基典型震害与次生地质灾害主要表现为以下几种类型：

①路基整体错动、滑移；

②路基塌滑、沉陷；

③路基隆起、挤压；

④崩塌和滑坡掩埋、摧毁路基；

⑤堰塞湖淹没道路；

⑥路基水毁；

⑦落石砸坏路基；

⑧部分支挡结构物失效。

（2）桥梁典型震害

因地震产生的地震波造成桥梁结构受力改变，从而造成桥梁的破坏而影响使用。桥梁典型震害主要为全桥损毁、部分孔跨损毁以及构件震害三种类型。

全桥损毁主要为全桥倒塌、滑坡堆积体掩埋和堰塞湖淹没三种；部分孔跨损毁主要为主梁落梁和部分孔跨被砸毁两种；构件震害主要为主梁开裂、移位、撞击损伤，支座位移、脱空，挡块撞坏，墩柱开裂、压溃、剪断，桥台开裂，锥坡开裂、下沉等。

（3）隧道典型震害

隧道震害主要有洞口被掩埋及砸坏，洞身衬砌开裂、掉块、坍塌，仰拱填充及路面开裂、隆起三种。

（4）客运站典型震害

因地震造成公路客运站垮塌、倾斜、开裂等。

（5）地震引起地基物理力学参数的变化

因地震造成部分路段出现液化现象，从而对路基产生破坏。

经统计，在汶川地震中受灾公路里程达 62 671km，其中二级以上公路 4 594km，三级公路 5 011km，四级和等外级公路 56 069km；芦山地震中受灾公路里程达 2 188km，其中干线公路 748km，农村公路 1 440km。

（6）其他设施的震害破坏

根据调查统计，地震发生后，震区的水库、堤防、水文观测设施和灌溉设施也受到不同程度的破坏。主要灾害类型有：

①坝体沉降；

②坝体或坝面板裂缝；

③坝坡滑塌；

④坝后及堤防管涌；

⑤泄水建筑物和启闭设施损毁；

⑥堤防垮塌、裂缝、滑坡、沉陷；

⑦水文观测设施中站房垮塌、缆道塌陷、测井沉降变形、观测场及道路塌陷；

⑧灌溉渠道裂缝、垮塌、渡槽断裂等。

3.3.3.2 灾害实例分析

（1）都江堰至映秀高速公路

该路路线全长26km，前10km为平原区，其后为高山峡谷区。线路通过区地震烈度为9～11度。地震导致路基沉陷、垮塌10处，滑坡崩塌10处；全线38座桥梁均受到不同程度的破坏，严重受损桥梁4座；全线共有4座隧道，其中龙溪隧道震害最为严重。如图3–8～图3–10所示。

a)

b)

图3–8 桥梁基础的墩柱压溃、开裂破坏

图3–9 桥面整体移位、支座脱空破坏

图3–10 结构缝错开、桥面连续破坏

（2）国道 213 线都江堰至映秀段

国道 213 线都江堰至映秀段为三级公路，全长 35km。该路沿岷江河谷逆流而上，地形陡峻，相对高差较大，岩体破碎，地质构造复杂。

该段崩塌、滑坡共计 56 处，路基开裂、滑移、沉陷普遍。桥梁普遍受损，其中寿江大桥、古溪沟桥及蒙子沟桥严重受损，百花大桥第五联垮塌，其余联受损严重致使完全丧失使用功能。路段内三座隧道中的友谊隧道、白云顶隧道受损较为严重，马鞍石隧道受损较轻。

（3）国道 213 线映秀至汶川段

映秀至汶川公路起自映秀镇，沿岷江峡谷两岸展布，经草坡至汶川。映新路接都映高速公路 K25 处为二级公路，长 56km。老路为原 213 线，三级公路，长 57km。地震导致滑坡、泥石流、崩塌、飞石等次生灾害极其严重，老路损毁率近 80%，新路损毁率近 65%。

（4）省道 303 线映秀至卧龙段

省道 303 线映秀至卧龙公路路线全长 45km。该公路为二级公路，该段地震烈度为 9 ～ 11 度。地震造成公路沿线严重损毁，崩塌、滑坡及泥石流等次生地质灾害极为发育，形成 14 处壅塞体，大段公路路基被埋或被淹，多座桥梁被毁，隧道进出口被埋。

①路基及次生地质灾害

该公路的 80% 路段被次生地质灾害损毁。

②桥梁

该路段共有桥梁 33 座，桥梁震害主要是由崩塌落石灾害损毁所致。

③隧道

该段公路共有 2 座隧道，其中盘龙山隧道洞口边仰坡崩塌落石掩埋大半洞口，耿达隧道仰坡崩塌，明洞被落石击穿。

（5）省道 105 线彭州经北川至青川（沙洲）段

该段路经过地形分为两类：彭州—绵竹—安昌段为平原地形，安昌—北川—青川—沙洲段为山区地形。地震发生后，位于平原地区的路段破坏相对较小，但部分路段出了砂土液化现象；位于山区路段破坏相对严重——山体垮塌，掩埋公路及泥石流冲毁掩埋公路；路基震害表现为沉陷、开裂、路堑墙底部坍塌破坏；路线与断层交叉路段的桥梁破坏最为严重，如陈家坝大桥、南坝大桥；隧道震害主要是二衬砌裂缝开裂。

①路基与次生地质灾害

路基震害及次生地质灾害主要有平原区路段砂砾夹层地震液化；山区路基开裂、滑移、沉陷、隆起，挡墙倾斜变形、垮塌、边坡坍塌，以及山体滑坡、崩塌落石、坡面碎屑流、泥石流等次生地质灾害掩埋路基和砸坏路基，堰塞湖和泄洪影响导致路基被淹没或水毁。如图 3 –11 所示。

②桥梁

省道 105 线桥梁震害较少，但靠近断层附近的 4 座大桥均发生垮塌性破坏。主要震害为：拱桥主拱圈断裂，全桥垮塌，如井田坝大桥、陈家南大桥、南坝老桥；落梁破坏，如在建的南坝新桥大部分梁板坠落。

图 3-11　次生地质灾害造成的路基破坏

③隧道

隧道的主要震害是隧道二衬裂缝较多，局部裂缝较密集，多处拱顶有起皮、脱落现象，部分拱顶剥落、衬砌钢筋变形，部分施工缝开裂、错台、渗漏水。

3.3.3.3　地震对公路桥梁等类似结构的震害特点

从震区的几条公路以及桥梁和隧道所受的震害来看，主要有以下特点：

（1）平原地区的破坏程度小于山区。

（2）邻河结构破坏程度较非邻河处大。

（3）次生地质灾害的破坏程度占的比例较高，超过 50%。

3.3.4　地震对港口码头及类似结构的破坏机理分析

在地震基本烈度相同的地区，经常发生结构类型、建设质量基本相同，但震害程度却有很大的差别的情况，发生这种现象的主要原因是场地条件造成的。因此，地震对港口码头及类似结构造成破坏的原因主要是对结构自身抗震性能和外部计算参数两个方面分析不够。

3.3.4.1　地震对地基的破坏机理分析

（1）震动液化

震动液化是指砂土，特别是饱和砂土（包括粉土），在动力荷载（循环振动）作用下表现出类似液体性状而完全失去承载力的现象。从而引起滑坡和地基失效，造成上部建筑物的下陷、浮起、倾斜、开裂等震害。这种灾害具有面广、危害重等特点，常造成场地的整体性失稳。

（2）震陷

土体液化时的喷砂冒水会带走大量细颗粒，从而导致地面产生巨大的附加下沉和地基不均匀沉降，使上部建筑物开裂甚至倒塌。

（3）滑坡

由于土体参数的变化，从而导致土体丧失抗剪强度，使坡体失去稳定，形成大面积滑坡。

（4）上浮

在储罐、管道等空腔埋置结构附近，当周边土体液化时会产生上浮现象，从而对埋置结构和上部面层造成破坏。

3.3.4.2　地震对结构的破坏机理分析

地震时会产生强烈的纵、横波，从而在结构上产生较大的竖向和横向作用力，且在地震时往复作用，从而对结构产生影响或破坏。

（1）在桥梁桩柱的破坏中，桩端与节点的破坏较为突出。主要是因为较强的地震动作用显著，框架结构中的最底层发生了剪切破坏或者弯曲破坏，从而引起结构物的倒塌，柱端受力过大而压溃。

（2）在地震时的往复水平力作用下，上部的梁板结构容易产生脱落、移位、撞击损伤，支座位移、脱空，挡块撞坏。

（3）地震导致地基基础力学参数的变化，这种作用会使桩柱周边土体与结构脱开，桩柱侧摩阻力减小，致使码头桩基倾斜，从而导致上部结构的失稳。

3.3.5　汶川地震对港口码头的影响破坏分析

结合地震对港口码头及类似结构造成的破坏来看，地震对码头的破坏作用主要表现在以下几个方面：

（1）地震引起的滑坡、崩塌破坏码头的整体安全性

我国西部地区码头港口面临的是长时间的大水深、年复出现的大水位差的独特水文环境，以及裸岩、陡岩、大起伏地形等复杂地质条件。地震时，这类水位条件和地质条件组合，极易使港口发生整体破坏，导致河道阻塞等严重的次生灾害。

（2）地震引起码头结构节点处断裂

地震时钢筋混凝土框架结构典型的破坏方式有：一是桩基由于地基不稳而整体倾斜；二是结构连接节点出现混凝土碎裂和钢筋变形；三是不同结构连接处整体垮塌；四是变形缝损害严重。

（3）地震引起码头基础物理力学条件发生变化

地震时，地基基础力学参数发生较大变化，由于砂土液化或土体之间的挤压，会导致结构物的边界条件发生变化，这些变化导致结构发生破坏。

（4）地震引起港口装卸设备倾覆

地震时造成码头陆域，特别是回填区和软基区的地面产生塌陷、沉降，以及码头结构的变形，从而影响设备基础变化，导致设备倾覆，影响使用。

3.4　台湾大地震对港口码头结构的破坏及成因分析

1999 年 9 月 21 日凌晨 1 时 47 分 12.6 秒，我国台湾地区南投县及附近发生震级为里氏 7.3 级的大地震，震源深度为 8km，震中在北纬 23.85°、东经 120.78°。此次地震在震中附近的南投县、台中县市造成极大的震害，甚至台北地区亦有不少震害发生。根据台湾气象局地震实时测报网收录资料报告，各地震度以最大地表加速度值（PGA）表示。根据南投实时测报站的记录，水平向 PGA 值达 989gal，相当于 1g（一个重力加速度）。此

次地震给台湾带来了巨大的人员伤亡和财产损失，据报道，截至 1999 年 12 月 24 日，死亡 2 470 人，受伤 11 305 人；房屋遭到破坏，其中全倒 53 551 户，半倒 53 633 户；20 多座桥梁受到不同程度的损坏。地震导致的直接经济损失高达 3 766 亿新台币（合 118 亿美元）。

由于震区特殊的地理位置，修建的码头较少，受地震作用影响较明显的是桥梁、道路和厂房，根据现场调研和与类似地震对比分析，由台湾大地震所映射的地震对码头的破坏作用主要表现在以下几个方面：

(1) 地震引起的地面不均匀沉陷

图 3–12、图 3–13 为观察到的地震时地表隆起，从图中可以看出，地震导致基础严重变形，局部隆起高度达到 2m 左右，其上建筑物基本破坏。

图 3–12　操场地面沉陷图

图 3–13　地面不均匀沉陷俯视图

(2) 地震引起结构节点处断裂破坏

图 3–14 和图 3–15 为台湾地震时钢筋混凝土框架结构典型的破坏方式，从图中可以看出，其主要的破坏方式有：一是不同结构连接处整体垮塌；二是结构连接节点出现混凝土碎裂和钢筋变形；三是桩基由于地基不稳而整体倾斜。

图 3–14　箱梁整体垮塌图

图 3–15　墩柱破坏图

本次地震对结构物的损害主要表现如下：

(1) 地震导致地基基础的物理参数的变化对码头的影响很重要，这种作用会使得码头出现不均匀沉降，甚至导致重力式码头出现整体失稳。

(2) 框架码头桩柱的破坏很严重，主要表现在桩端与节点的破坏以及桩身的破坏。主要原因为地震动作用显著，框架结构中的最底层发生了剪切破坏或弯曲破坏，从而引起结构物的倒塌，柱端受力过大而压溃。

3.5 日本阪神地震对港口码头的破坏状况

1995 年 1 月 17 日，日本兵库县南部发生震级为 7.2 级的强烈地震，震中位于距神户市约 25km 处的淡路岛上，本次记录到的最大水平向地震动及竖向最大地震动分别为 833gal 和 332gal，该地震导致神户市受灾严重。市区内地震烈度最高达Ⅵ度（日本的地震烈度最高为Ⅶ度），各类震害现象普遍多样，特征明显。本次地震是一次发生在现代化大城市的典型震例。

3.5.1 震害情况

神户港是世界第六大海港，它承担着全日本超过 20% 的对外贸易的航运任务。本次地震给神户港的码头造成了破坏性恶果，除了少数码头破坏轻微，简单修复后尚能使用外，神户港所有的港口设施均陷于瘫痪。由于港口码头地基液化引起的码头岸墙的沉降、倒塌、滑移以及挡水板的沉陷等震害现象十分普遍，几乎所有的码头岸壁均遭受不同程度的破坏。神户港码头中大量采用了重力式沉箱结构，地震使神户港码头沉箱下面和后面的砂土液化，造成沉箱向前倾斜转动了 3°，沉箱顶面沉降 1 ～ 3m，堆场沉降 1 ～ 3m。震后发现回填土部位出现大量喷水冒沙现象，表明回填土已经液化，但沉箱下的置换砂却并未液化，这是由于沉箱重力而产生的初始剪应力作用的结果。

在此次地震中，码头岸墙的破坏还引起了一种比较突出的震害现象，即起重机的倾覆、倒塌。起重机是码头上的一种集装箱吊运设备，它向海侧的门机轨道梁支撑在码头岸边的挡墙上，地震时由于砂土的液化，导致挡墙向海边发生很大滑移，向海侧、向岸侧轨道梁间的土体下陷，这种强迫支座位移引起起重机结构变形，并局部屈曲，实际震害充分说明了这一点。集装箱起重机典型的受损情况包括下列几类：

（1）沉箱受地震波影响向海侧倾斜并移动数米距离，导致海陆方向轨道跨度增大，集装箱起重机支腿强制向海陆方向弯曲（折断状态），起重机支腿与门座（连接海陆支腿之间的水平梁）产生弯曲与变形，且轨道跨度增加量与沉箱移动量相同。

（2）支腿断裂的同时，从岸壁上部起重机车轮痕迹可知，受地震波影响，集装箱起重机发生摇晃现象，支腿提起且发生脱轨情况。由于摇晃起重机重心位置偏向海侧，使陆侧支腿提升，导致海侧支腿负荷显著增加，由此可推断海侧支腿可能存在向内侧弯曲的情况。

（3）图 3-16 所示为岸边集装箱起重机受损情况。桥架上部结构损伤较少，损伤基本集中在塔架部分。

日本阪神大地震给神户港造成严重破坏，约有 116m 的岸线大部分受灾，邻港交通严重破坏，交通中断，如图 3-17 所示。港口设施的受灾状况总结如下：

（1）重力式码头：码头整体滑动，岸壁下沉、倾斜，墙后土体下陷，码头面严重破坏。

（2）桩基码头：桩倾斜、断裂，混凝土梁开裂，后方护岸滑动等。

（3）防波堤：堤身倾斜、下沉 1 ~ 2m，堤轴线偏离。

（4）护岸：墙体滑动、倾斜、下沉，墙后路面破坏，同时发生下陷。

（5）库场区：地面下沉、路面破坏，靠近护岸处尤为严重。地面建筑也出现下沉、倾斜、开裂等不同程度的损坏。

（6）装卸机械：集装箱吊装机械脱轨，行走装置损坏。此外，吸粮机、煤气专用机械、气动装料机等都受到损坏。

a)支腿弯曲等状况

b)轨道变形等状况

图 3–16 岸边集装箱起重机受损情况

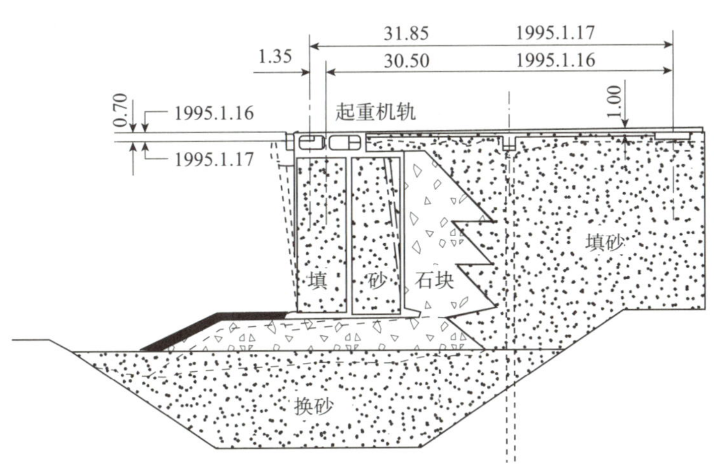

图 3–17 神户港典型的码头结构在地震前后的位置（尺寸单位：m）

3.5.2 阪神地震码头的震害成因分析

7.2 级地震对神户港码头结构有如此严重的破坏，其主要原因是由于砂土液化造成的。

从神户港码头地震破坏的情况及有关资料分析，重力式码头、护岸震后的倾斜、下沉等与地基及墙后的土压力关系较大。该港区早期建设的码头基础开挖后多为抛砂回填，没有进行必要的加固处理，地震引起砂土液化的可能性较大。另外，由于日本海湾水位变化较小，重力式码头一般没有卸荷板等调节地基应力设施，在土压力作用下往往前趾应力较大，在地震水平力作用下，发生前倾、下沉是可预料的。在重力式码头或护岸的设计中，可设置如卸荷板、扶壁的后翘板等结构形式来调节地基应力，尽量使基础应力均匀，有助于提高墙体的抗震能力。墙后的填料以减少土压力为原则，降低码头墙体的偏心力，也是提高码头抗震能力的措施之一。在神户港复建中采用水泥掺砂石作为墙后填料就是为减小墙后的土压力而提出的。

3.6 智利大地震对港口码头结构的破坏情况

北京时间 2010 年 2 月 27 日，智利发生里氏 8.8 级特大地震，震中位于智利比奥比奥省（BIO−BIO），位于智利康塞普西翁（Concepcion）东北 89km，位于智利首都圣地亚哥西南 339km，震源位于地下 55km。由于本次地震震源较浅，破坏力很强，对通信、供水、能源供应、公路、港口等基础设施造成了很大的破坏。

圣安东尼奥港共有 9 个泊位，6 台门式起重机。地震造成 3 个泊位、2 台门式起重机受损，如图 3−18、图 3−19 所示为圣安东尼奥港码头设备受损情况。

a)

b)

c)

d)

e)

图 3−18 圣安东尼奥港码头设备受损情况

a)

b)

图 3-19　地震造成装卸设备大车脱轨

地震造成码头与堆场损伤严重，地面破裂，码头桩基断裂，图 3-20、图 3-21 为圣安东尼奥港码头及堆场受损情况。

a)

b)

图 3-20　地震造成地面破裂

a)

b)

图 3-21　码头横梁断裂

地震还造成圣维森特码头严重破坏，见图 3-22 ~图 3-24。

图 3-22 地震使得 3 个泊位都遭到了破坏

a)

b)

c)

图 3-23 地震造成的裂缝有 22cm 宽、3.3m 深

图 3-24 地震造成的堆场破坏

3.7　日本“3·11”大地震对港口码头的影响

2011 年 3 月 11 日，日本本州岛东部发生里氏 9 级地震，并引发了强烈的海啸，日本东北部工业区遭受重创，同时核电站的爆炸造成核泄漏更是让人忧心忡忡。大地震对日本东北部港口的损坏程度非常严重（图 3–25 ～图 3–27）。其中防波堤已经严重受损或者被摧毁，部分港口的岸基被严重破坏，海啸带来的港口回瘀现象也严重影响了航道安全。

地震发生后，日本曾一度关闭了全国港口，但随后的两天，东京、神户、大阪等大型港口便恢复正常运营。不过，仙台、茨城和鹿岛等当地几个较主要的中小型港口在此次地震中被海啸破坏，难在短期内恢复。

图 3–25　仙台港码头受海啸冲击的集装箱与岸吊支架碰撞，垒成列状，但岸吊完好无损

图 3–26　仙台港码头受海啸冲击的前方平台

图 3–27　货轮在海啸中被冲上岩手县釜石港码头，搁在码头前沿

综合来看，此次地震对港口码头造成的损坏较少，其主要破坏是由于地震后形成的海啸冲击港口码头，导致港口码头水工建筑物和设备的破坏。

3.8　印尼大地震对港口码头结构的破坏及成因分析

印尼当地时间 2004 年 12 月 26 日上午 7 时 59 分（北京时间 26 日上午 8 时 59 分）蓄积巨大能量的印度洋板块边缘断裂带突然活动，在印度尼西亚苏门答腊岛附近海域发生近 40 年来全球最大地震，震中位于苏门答腊以北的海底，震级为里氏 8.9 级。引发海啸高达十余米，波及范围远至波斯湾的阿曼、非洲东岸索马里及毛里求斯等国，地震及震后海啸对东南亚及南亚地区造成巨大伤亡，分别给印度洋沿岸 7 个亚洲国家——印度尼西亚、印度、斯里兰卡、孟加拉国、泰国、马来西亚、缅甸，以及马尔代夫、索马里、坦桑尼亚、肯尼亚等非洲国家，造成了重大生命和财产损失。

此次地震对港口和码头影响也较大，其破坏形式和前述形式基本相同。

3.9　地震作用下港口码头的破坏形式及其成因

本章分析了各种地震对码头的破坏形式及其原因，主要有以下几方面：

（1）基本烈度定得过低，未考虑码头抗震设计，导致基础和节点破坏。

（2）地震时软土岸坡对码头的不利影响导致码头破坏。

（3）地震时岸坡的下沉和位移对码头结构的影响。

（4）地震时岸坡的土推力作用加大，导致结构破坏。

（5）其他破坏原因有：

①架空直立式码头主要侧向水平力陡然增大，导致框架结构节点处破坏。

②接岸结构的侧向水平力陡然增大，导致结构破坏。

③地震时，部分搭接构件撞伤和挡土墙之间挤压。

综上所述，地震对码头的破坏形式可归纳为以下两种。

3.9.1　桩基框架结构码头破坏形式和成因

(1) 钢筋混凝土桩在非液化土中以剪压破坏为主；液化土中的桩如深入非液化土中足够长，则以弯曲破坏为主。

具体表现为：

①钢管桩的破坏主要是由于地基液化而导致桩体水平位移过大的整体破坏，压屈者情况较少。

② AC 桩、PHC 桩、PC 桩、灌注桩等类型的混凝土桩易压坏，而钢桩及一般实心钢筋混凝土桩则抗压性能较好。

③压坏事例中压屈（失稳）者极少，主要为水平摆动时引起的压坏。

④液化土中桩的破坏形式多样且涉及液化有无侧向扩展等情况，尚须作深入分析。

⑤上部结构损害最主要的是倾斜与不均匀下沉。

钢筋混凝土桩在非液化地基上桩震害的主要原因是：

①地震力引起的破坏，受害部位主要在桩头和承台连接处及承台下的桩身上部，以压、拉、压剪等形式导致破坏。

②地震力引起软土摩阻力下降使桩过度下沉，或软硬土层界面的弯剪应力使桩身破坏。

③土的变位引起破坏，如挡土墙后土楔滑动、土坡失稳、附近地面荷载下地基失稳等波及建筑下的桩基，使桩身弯矩增大，引起桩头、桩身中部的破坏或形成塑性铰。

(2) 造成液化但无侧向扩展地基上桩破坏的主要表现是：在液化层与非液化层交界面这种刚性突变处，桩身均有全断面的水平裂缝，其原因需要具体分析。

液化侧向扩展地基上桩的震害及其原因主要是：

①桩身在液化层底和液化层中部的剪切或弯曲破坏，这主要是由流动的土体对桩的侧向压力所致。

②桩顶嵌固的破坏。

③上部结构因桩身折断而产生不同程度的不均匀沉降。对高层建筑则因重心处水平位移大，产生较大的附加弯矩，使内陆侧的边桩受到拉力，从而减轻震害，可能使边桩只有一个塑性铰。

3.9.2　重力式码头结构的震害破坏形式和成因

对于部分地基基础为土基的重力式码头结构，可能出现以下 4 种破坏形式：

(1) 在地震过程中，由于地基承载力下降，重力式码头结构出现破坏式的沉降或整体失稳。

(2) 当地震加速度的方向指向填土时，重力式码头结构所受到的水平合力超过了地基的可能最大摩擦阻力，码头结构就会出现平移（滑移）破坏。

(3) 由于地震作用引起过大的倾覆力矩，从而导致重力式码头结构发生倾覆失稳破坏。

（4）在地震作用下，由于胸墙的承载能力不足而发生胸墙与下部结构产生过大的相对滑移或倾覆。

除上述破坏形式外，对于块体式重力式码头结构，当块体码头结构的断面尺度或块体间抗剪切能力不足时，可能出现块体结构间的剪切破坏；而对于沉箱结构或扶壁结构等重力式码头，可能由于构件承载力不足而出现结构构件的开裂、弯曲等破坏。

3.10 提高码头抗震能力的措施分析

3.10.1 改进桩基框架码头结构的抗震能力的措施

对于桩基框架码头结构，除应按照抗震设防标准进行设计外，结构构件布设宜尽量均匀，码头结构的纵、横向相对刚度不宜有较大的突变，各结构段的横向抗震能力宜相近，并在结构段间设置可靠的横向传递力装置。此外，采取措施改善码头结构构件延性则是提高架空码头结构抗震能力的有效措施。

改善构件延性的途径主要有：

（1）控制构件的破坏形态。结构延性和耗能的大小，决定于构件的破坏形态及其塑化过程。弯曲构件的延性远远大于剪切构件的延性；构件弯曲屈服至破坏所消耗的地震输入能量，也远远高于构件剪切破坏所消耗的能量。因此进行工程抗震设计时，应在计算和构造方面采取措施，力争避免构件的剪切破坏，争取更多的构件实现弯曲破坏。

（2）减小杆件轴压比。就框架体系而论，柱的延性对于耗散输入的地震能量、防止框架的倒塌起着十分重要的作用。

（3）高强混凝土的应用：为了保证框架柱具有良好的延性，降低轴压比，宜采用高强混凝土。不过，设计中还应该注意，采用高强混凝土时，应适当降低剪压比。

（4）钢纤维混凝土的应用：利用这种新型材料的良好抗震延性、抗冲击韧性和较高的抗拉、抗裂和抗剪强度来满足抗震需要。

（5）型钢混凝土的应用：对于应力分布复杂、剪力大、延性差的关键构件，可通过采用型钢混凝土的办法来满足抗剪及延性的要求。

同时，应加强结构整体性。结构的整体性是保证结构各部件在地震作用下协调工作的必要条件，故此需要加强结构构件间的连接，使之能满足传递地震力时的强度要求和适应地震时大变形的延性要求。当结构构件采用简支结构时，应适当增加搁置长度，并采取设置挡块、增加连接钢筋等防震措施。构件连接不破坏、不失效，整个结构就能始终保持良好的整体性。

3.10.2 改进重力式码头结构抗震能力的措施

对于这类问题，可采用全部消除地基液化、减少地基沉降等措施，这些措施应符合以下规定：

（1）采用桩基承台基础时，桩端宜打入液化深度以下稳定土层中，并应按承载能力要求计算确定其入土深度。

(2) 采用直接在天然地基上建造重力式码头结构时，应采取措施增加其整体稳定性，且码头结构的基础底面应埋入液化深度以下的稳定土层中，其深度不应小于 1m。

(3) 当可液化土层较深厚而采用加密法（如振冲、振动加密、挤密碎石桩、强夯等）加固地基土时，应处治至液化土层深度下界，且处理后复合地基的标准贯入度不小于规范所确定的液化判读标准贯入锤击数临界值。

(4) 对位于地面下较浅的可液化土层，可采用振密、强夯等措施改善可液化土层的性质，或用非液化土全部置换可液化土。

(5) 采用加密法或换填法处治时，在基础边缘以外的处理宽度，应超过基础底面下处理深度的 1/2 且不小于基础宽度的 1/5。

(6) 其他措施：

①可采用双层式重力式挡墙，中间预留一定的空间以避免动土压力传递到重力式码头之上，双层挡墙中间距离要大于动土压力作用于第一挡墙上时所产生的变形。

②基底下砂土的流失会导致重力式码头的倾斜，因此，在砾石堆坡趾处设置一个垂直的非刚形墙体，以防地震液化时砂土的流失。

③将基底下的置换砂土充分填实，增加其抗震稳定性。

此外，在结构上，当码头结构采用块体砌筑时，应尽量减少块体数量和层数，增加块体间的咬合力，或采取措施将块体连为一体，同时胸墙采用混凝土现浇，以便胸墙与墙身或卸荷板连为一体；对于预制安装的扶壁式或沉箱式重力式码头，应尽量减少预制结构的数量，并采取措施增强其纵向整体性，同时适当加强下部预制结构与上部现浇胸墙的整体连接。

3.10.3　新码头或选择新港址要重视地震地质勘查

通过新港地震调查，认识到位于河相冲击和海相沉积地层的港口，地震烈度往往出现异常，比地区背景要高 1 ~ 2 度。因此，在进行码头设计时要根据地质构造查访断层地段和古河道位置，因地制宜地安排建设。

唐山地震中，海河沿岸存在浅层粉砂、亚砂土的地区，码头都遭到严重的破坏，对此应吸取教训，今后建议应尽量避开浅层存在粉砂、亚砂土地区建码头，如确实不能避开时，一定要采取妥善的处理措施。

3.10.4　合理设防，提高新建港口码头的抗震能力

码头水工结构在地震荷载下破坏严重，修复过程复杂，需要从可靠度上建立结构码头结构抗震性能的目标函数，从结构抗震设计、经济性能等方面提出合理的抗震技术标准。在荷载上，对地震基本烈度进行调整，结合码头重要程度和影响范围确定合理的基本烈度；在抗震设计上，对一些薄弱部位进行必要的加强；在施工和后期监测上，对重点部位和薄弱环节重点监控，实施分析营运期重点环节的性能指标，保障结构薄弱环节有足够抗震强度。

3.10.5 设计施工中的一些保障措施

（1）鉴于软土岸坡对码头受震时的不利影响，应对岸坡软弱的土层采取有效的加固措施，提高岸坡稳定性，减少岸坡变形及岸坡变形对前方结构的侧向推力。

（2）高桩承台码头，叉桩是承受水平力的主要构件，靠岸直桩直接承受岸坡土压力，是保证码头整体安全的支柱，对这两部分应进行必要的加强，如增加叉桩数量、加强叉桩和靠岸直桩抗弯断面等。

（3）要做好码头前后方承台之间、挡土结构与后方承台结构之间的分缝处理，以减少相互之间的不利作用。

（4）采取合适的施工方法和施工工艺，施工质量应符合抗震设防要求，保证工程质量，如保证抛石不从岸坡滑落，叉桩打桩时要尽量使之与轴线相近。桩帽与上部结构的接头一定要做好，以加强码头建筑物的整体性。

（5）改进预制构件的搭接方式，适当增加搭接长度，防止预制梁、板在地震时塌落。

4　码头结构抗震计算方法

现代结构抗震设计理论是从 20 世纪初开始提出的，经过近百年的发展，研究人员对地震的特性以及结构的动力特性的理解随着研究的深入而不断进步，抗震设计理论一步一步由静力方法发展到后来的反应谱方法，而后又发展并形成了动力方法，以及现在基于结构形态的抗震设计理论。

（1）静力法

它假设结构物各个部分具有相同的振动，此时，结构物上只作用地震惯性力。静力法忽略了结构的动力特性这一重要因素，把地震加速度看作是结构地震破坏的单一因素，只有当结构物的基本固有周期比地面运动卓越周期小很多时，结构在地震震动时才能被当作刚体，所以有很大的局限，只适合很大的刚度。

（2）反应谱法

反应谱法是结构动力分析的方法之一，在抗震设计中主要有两个步骤：首先是记录用于设计的地震反应谱，然后是分解结构的振动方程的振型、物理位移便可以用广义坐标表示，再根据前面的设计反应谱求得广义坐标的最大值。最后，组合各振型的反应最大值，便可以得出反应量的最大值。反应谱法的最大缺点是只适用于现行结构体系，但是在强烈的地震中，结构一般都要进入非线性阶段，所以不能直接使用。该方法的优点是在确定了设计反应谱之后，计算的工作主要是振型分解和反应的组合。应用反应谱法，由于只取少数几个低阶振型就可以得到比较满意的结果，所以在我国和其他许多国家的抗震设计规范中广泛采用反应普理论确定地震作用。

（3）随机振动分析法

随机振动是在输入和输出地震数据时，分别将地震动和地震反应视作一个随机的过程，其中在实际工程中占有十分重要地位的一种方法称为功率谱方法。国内外有许多的研究人员采用随机过程统计分析地面运动的各种观测资料，提出了一系列把地面运动随机性、地面上各不相同的激励点相互间的相关性以及波的传播特点同时考虑的模型及相关函数。这些都给随机振动的多点输入的研究工作提供了必要的前提条件。随机振动法的优点是提供了响应量的统计度量，而不受任意选择的某一个输入运动的控制，但是这种方法数学处理比较复杂，计算量很大。

本章着重分析反应谱法和随机振动分析方法。

4.1 结构动力学的基本理论

4.1.1 结构动力学的基本概念

（1）动力荷载

随时间而变的荷载称为动力荷载，简称动载。动载作用的基本特点是使结构的质量产生显著的加速度，因而使结构产生较大的惯性力，并引起结构的振动。

应当注意的是，静与动和加载的慢与快是相对的，它与结构的自振周期有密切关系。若荷载从零增至最大值的加载时间远大于结构自振周期，则加载过程可认为是缓慢的，可作为静力荷载对待。但是，若荷载从零增至最大值的加载时间接近或小于自振周期，则加载过程应认为是快速的，这种荷载应作为动力荷载来处理。

（2）振动

物体在某一位置附近来回运动的现象称为振动。振动过程中，位移、速度和加速度将不断变化。

（3）自由度

确定在振动过程中任意时刻全部质量的位置所需独立几何（位移）参数数目，称为结构的自由度。

任何实际结构的质量都是连续分布的，有的还附以若干个附加团集质量（集中质量），因而都是无限自由度结构。但是，当结构杆件的质量与附加团集质量相比甚小，或者为了计算的简化，把杆件的连续质量团集成若干个团集质量的话，则体系就变成有限自由度结构。应当注意的是，结构自由度的数目与集中质量数目、超静定次数无关，与计算假定有关。一般来说，自由度数目越多，就越能准确反映结构实际动力性能，但计算工作量也就越大。

4.1.2 结构动力学的任务和研究内容

结构动力学与结构静力学相比，分析上要复杂和困难得多。其一，数学处理上要复杂。结构动力学中要考虑结构因振动而产生的惯性力和阻尼力，而惯性力涉及位移对时间的二阶导数，这样按牛顿运动定律建立的运动方程将为微分方程，而对结构静力学的线弹性问题，平衡方程为线性代数方程；另外有关阻尼作用的机理，目前尚未完全清楚，只能在数学上作一些假设进行处理，结构静力学则不存在此类问题。其二，结构的动力响应不仅与荷载如何随时间变化有关，还与结构的刚度分布、质量分布、能量耗散等情况有关。对于不同的结构，只要它们的动力特性相同，那么在相同的动荷载作用下，它们的动力响应（位移、速度、加速度等）都是一样的，这和静力分析是不同的。其三，动力问题具有随时间变化的性质，显然动力问题不像静力问题那样具有单一的解，而必须建立与时间有关的感兴趣的一系列解答，因此动力分析比静力分析更复杂且更耗时间。

结构动力学的任务可归纳为以下三个方面：

（1）提供对结构进行动力响应分析的方法。

（2）确定结构的固有动力特性，并建立结构的固有动力特性、动荷载和结构的动力响应三者之间的相互关系。

（3）提供对结构进行动力可靠性设计的依据。

结构动力学的研究内容包括理论研究和试验研究两个方面。现代结构动力学的理论研究主要包括：结构的动力响应分析；结构的参数识别或系统识别；荷载识别；结构的振动控制；优化设计。

试验研究不仅为理论分析奠定了基础，而且成为解决实际工程问题的主要手段。例如材料性能和结构阻尼特性的测定、振动环境试验（即在现场或实验室模拟振动环境，检验产品在振动环境中工作的可靠性）等工作，就是主要依靠试验研究。结构动力学试验研究的主要内容有：材料性能的测定、结构动力相似模型的研究、结构固有（自由）振动参量的测定、振动环境试验等。

4.1.3 阻尼力

从微观上看，结构振动时材料分子间相对运动产生的热效应是不可逆的，同时，由于材料的不均匀性也将产生局部非弹性变形。这些都导致结构在振动过程中材料耗散能量。结构的结点和支座连接处，往往由于相对运动产生摩擦而消耗能量，结构周围的介质阻止结构振动，也将耗散振动的能量。再者，结构振动能量传递至地基、地基土壤等介质的内摩擦也会耗散能量。通常将各种能量耗散的因素总称为阻尼（Damping)。在动力计算中，引入一个反映能量耗散的力称之为阻尼力。

根据不同的耗能机理提出的阻尼理论有不同的阻尼力假设，通常应用的三种阻尼理论和阻尼力如下。

（1）黏性阻尼（Viscous Damping）

黏性阻尼亦称黏滞阻尼。当系统在黏滞液体中以不大的速度运动时，它所受到的阻尼力大小与速度成正比，而方向和速度的方向相反。即：

$$F_{vd}(t) = -c\dot{y}(t) \tag{4-1}$$

式中：$F_{vd}(t)$——黏性阻尼力；

c——阻尼系数；

$\dot{y}(t)$——位移速度，$\dot{y}(t)=\frac{dy}{dt}$。

式中的负号表示阻尼力的方向恒与速度 $\dot{y}(t)$ 的方向相反。

根据这一理论建立的运动方程易于求解，所以目前动力分析中广泛采用这样的阻尼假定。

（2）滞变阻尼（Hysterestic Damping）

滞变阻尼亦称结构阻尼。滞变阻尼能较好地反映材料内摩擦的耗能机理，故亦称材料阻尼（Material Damping)，又因阻尼力可表示为复数形式，又称复阻尼。

滞变阻尼理论认为：在简谐振动中，阻尼力与位移 y 成正比，但其相位与速度 $\dot{y}$ 相同，即相位比位移超前 90°（或时间超前 1/4 周期）。滞变阻尼力可表示为：

$$F_{hd}(t) = -\zeta' k y\left(t + \frac{T}{4}\right) \tag{4-2}$$

式中：$F_{hd}(t)$——滞变阻尼力；

ζ'——滞变阻尼系数；

k——劲度系数；

$y\left(t+\frac{T}{4}\right)$——速度；

T——周期。

考虑到弹簧力$F_s(t) = -ky(t)$及$F_s\left(t+\frac{T}{4}\right) = F_s(t)e^{\frac{i\pi}{2}}$，则式（4—2）可写为：

$$F_{hd}(t) = \zeta F_s\left(t+\frac{T}{4}\right) = \zeta F_s(t)\left(\cos\frac{\pi}{2} + i\sin\frac{\pi}{2}\right) = i\zeta F_s(t) \tag{4-3}$$

（3）摩擦阻尼（Frictional Damping）

摩擦阻尼亦称干摩擦阻尼。摩擦阻尼的阻尼力可表示为：

$$F_{fd}(t) = -fF\frac{\dot{y}}{|\dot{y}|} \tag{4-4}$$

式中：$F_{fd}(t)$——摩擦阻尼力；

f——动摩擦系数。

F——摩擦接触面间的正压力。

$\dot{y}$——速度。

$|\dot{y}|$——速度的绝对值。

式中负号表示$F_{fd}(t)$的方向和$\dot{y}$的方向相反。

在振动过程中，一般认为摩擦力$F_{fd}(t)$的大小不变，但其方向始终与速度的方向相反。

4.1.4 运动方程的建立

（1）达朗贝尔原理——直接平衡法

应用达朗贝尔原理，引入惯性力，便可以在形式上与静力平衡计算一样，列出运动方程。图 4—1a）所示系统受动力荷载$F(t)$作用，设在某一时刻，质体的总位移为y^t（包括质体重力所产生的静位移y_s和动位移y，$y^t = y_s + y$），并以向下为正；因此，速度和加速度也以向下为正。作用于质体上的力如图 4—1b）所示：重力$W = mg$，动力荷载$F(t)$。

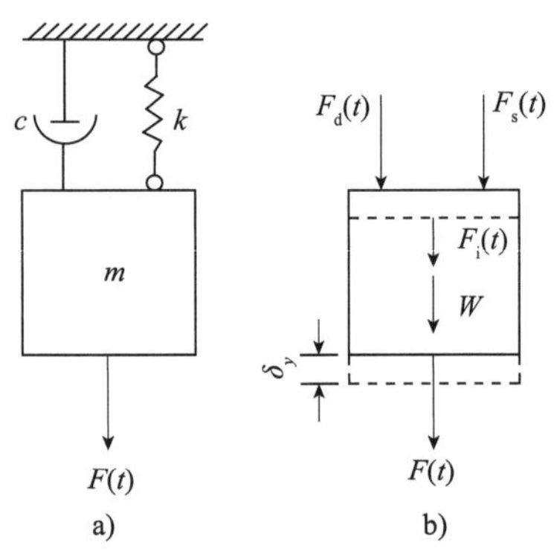

图 4—1　单自由度系统

弹簧对质体的作用力，它的方向与位移方向相反，又称为弹性恢复力，其大小与位移y^t成正比，其表达式为：

$$F_s(t) = -ky^t(t) \tag{4-5}$$

阻尼力$F_d(t)$按照黏滞阻尼理论，有：

$$F_d(t) = -c\dot{y}(t) \tag{4-6}$$

式中负号表示阻尼力方向与速度方向相反。

惯性力$F_i(t)$根据达朗贝尔原理，有：

$$F_i(t) = -m\ddot{y}(t) \tag{4-7}$$

式中负号表示惯性力方向与加速度方向相反。

以上各力直接由平衡条件可得运动方程：

$$W + F_i(t) + F_s(t) + F_d(t) + F(t) = 0 \tag{4-8}$$

即：

$$m\ddot{y}(t) + c\dot{y}(t) + k[y(t) + y_s] = W + F(t) \tag{4-9}$$

又由于 $ky_{st} = W$，则式（4–9）可写为：

$$m\ddot{y}(t) + c\dot{y}(t) + ky(t) = F(t) \tag{4-10}$$

式（4–10）表明，若建立系统运动方程时以静平衡位置作为计算位移的起点，则关于动位移的微分方程与重力无关。

（2）虚位移原理

当结构比较复杂时，系统的各种力可以方便地用位移自由度来表示，而它们的平衡规律可能不清楚或很复杂，此时，运用基于虚位移原理的虚功法来建立方程就较方便。

具体求法是：在结构系统中引入惯性力，然后给系统以约束所容许的微小的虚位移，再令系统上各个力经相应虚位移所做总虚功等于零，便可得出运动方程。如图 4–1b) 所示系统，令各力经竖向虚位移 δ_y 所做总虚功为零，考虑 δ_y 的任意性，并代入各力的表达式，便可得出式（4–10）。

（3）Hamilton 原理

Hamilton（哈密顿）原理可表述为：

$$\int_1^2 \delta(T - V)\,\mathrm{d}t + \int_1^2 \delta W_{nc} = 0 \tag{4-11}$$

式中：T——体系的总动能；

V——保守力产生的体系的势能；

W_{nc}——作用于体系上的非保守力所做的功；

δ——指定时段内所取的变分。

除以上三种方法外，还有 Lagrange 方程。达朗贝尔原理是一种简单、直观的建立运动方程的方法，已得到广泛的应用，更重要的是，达朗贝尔原理建立了动平衡概念，使得在结构静力分析中的一些建立控制方程的方法可以直接推广到动力问题，例如虚位移原理。当结构具有分布质量和弹性时，直接应用达朗贝尔原理，用动平衡的方法来建立体系的运动方程可能是困难的，这时采用虚位移原理可能更方便，它部分避免了矢量运算。而 Hamilton 原理是另外一种建立运动方程的能量方法，如果不考虑非保守力做的功（主要是阻尼力），它是完全标量运算。但是，实际上采用 Hamilton 原理建立运动方程的情况并不多。Hamilton 原理的优点在于它以一个极为简洁的表达方式概括了复杂的数学(力学)

问题。与 Hamilton 原理相比，Lagrange 方程得到更多的运用，它和 Hamilton 原理一样，除非保守力外，是一种完全的标量分析，不必直接分析惯性力和保守力（主要是弹性恢复力），而惯性力和弹性恢复力是建立运动方程最为困难的处理对象。以上介绍的四种方法对建立的运动方程完全是等同的，可以推得完全相通的运动方程。

4.2 有限元分析的基本理论

有限元的基本原理是：首先将整体结构离散化，分成有限个单元，并对每个单元进行单元分析，形成单元刚度矩阵；然后通过对号入座的方法形成总体刚度矩阵；接着，将外荷载生成结点荷载列阵，再引入约束条件；最后，通过解方程组求得结点位移；根据结点位移可以求解结构的应力、应变和任意点的位移。因此，可以把有限元分析分为三步：第一步，实际结构的离散化；第二步，单元特性分析；第三步，整体分析。有限元分析的重点在于第二步——单元特性分析。

4.2.1 连续体的离散化

结构的离散化，就是将要分析的结构物分割成有限个单元体，并在各单元的指定点设置结点，使相邻单元的有关参数具有一定的连续性，并构成一个单元的集合体，以它来代替原来的结构。

应根据问题的性质选择合适的单元类型方式、大小和排列方式，并尽可能合理正确地模拟原来的结构。

4.2.2 选择位移模式

在完成了结构的离散化之后，就可以对典型单元进行特性分析了。此时，为了能用结点位移表示单元体的场变量（位移、应力、应变），在分析连续体问题时，必须对单元中位移的分布作一定的假设，也就是假定位移是坐标的某种函数，即位移函数（或位移模式）。

$$\{\boldsymbol{f}\}=[\boldsymbol{N}]\{\boldsymbol{\delta}\}^{e} \tag{4-12}$$

式中：$\{\boldsymbol{f}\}$——单元中任意一点的位移列阵；

$\{\boldsymbol{\delta}\}^{e}$——单元的结点位移列阵；

$[\boldsymbol{N}]$——形函数矩阵，它的元素是位置坐标的函数。

选择适当的位移函数是有限单元法分析的关键，它可以是局部坐标（ξ，η，ζ）或整体坐标（x，y，z）的多项式，位移函数应当是连续可微的函数，它应该满足下列条件：

（1）在结点 i 上，$N_i=1$；

在其他结点上，$N_i=0$。

（2）能保证用它定义的未知量（u、v、w 或 x、y、z）在相邻单元之间的连续性。

（3）应包含任意线性项，以保证用它定义的单元位移可满足常应变条件。

（4）应满足等式 $\sum N_i=1$，以便用它定义的单位位移能反映刚体移动。

4.2.3　单元刚度矩阵

将结构用有限元离散后，各单元只有几何尺寸和材料参数的差异，其单元刚度矩阵具有一定的共性。单元的刚度矩阵可运用最小势能原理等方法获得。计算单元刚度矩阵普遍适用的公式是：

$$[\boldsymbol{k}]^{e}=\iiint_{V}[\boldsymbol{B}]^{\mathrm{T}}[\boldsymbol{D}][\boldsymbol{B}]\mathrm{d}V \tag{4-13}$$

式中：$[\boldsymbol{B}]$——单元的应变矩阵；

$[\boldsymbol{D}]$——单元的弹性矩阵，见式（4–14）。

对各向同性的线性弹性材料，单元的弹性矩阵为：

$$[\boldsymbol{D}_e]=\frac{E}{(1+\mu)(1-2\mu)}\begin{bmatrix}(1-\mu) & \mu & \mu & 0 & 0 & 0\\ \mu & (1-\mu) & \mu & 0 & 0 & 0\\ \mu & \mu & (1-\mu) & 0 & 0 & 0\\ 0 & 0 & 0 & \dfrac{(1-2\mu)}{2} & 0 & 0\\ 0 & 0 & 0 & 0 & \dfrac{(1-2\mu)}{2} & 0\\ 0 & 0 & 0 & 0 & 0 & \dfrac{(1-2\mu)}{2}\end{bmatrix} \tag{4-14}$$

单元刚度矩阵将单元的位移列阵和单元的荷载列阵联系起来构成单元的平衡方程，即：

$$[\boldsymbol{k}]^{e}\{\boldsymbol{\delta}\}^{e}=\{\boldsymbol{F}\}^{e} \tag{4-15}$$

式中：$[\boldsymbol{k}]^{e}$——单元刚度矩阵；

$\{\boldsymbol{\delta}\}^{e}$——单元的结点位移列阵；

$\{\boldsymbol{F}\}^{e}$——单元的荷载列阵。

4.2.4　总体刚度矩阵

把全部单元刚度矩阵按对号入座的方法集合起来可以形成整个体系的总体刚度矩阵。总体刚度矩阵将总位移列阵和总荷载列阵联系起来构成整个结构的平衡方程，即：

$$[\boldsymbol{k}]\{\boldsymbol{\delta}\}=\{\boldsymbol{F}\} \tag{4-16}$$

式中：$[\boldsymbol{k}]$——整体刚度矩阵；

$\{\boldsymbol{\delta}\}$——整个结构体的结点位移列阵；

$\{\boldsymbol{F}\}$——荷载列阵。

总体刚度矩阵是带状的，这是因为一点的位移只与它本身和相邻结点的位移有关，而且总体刚度矩阵是对称正定的。

总体刚度矩阵反映了所有相邻单元之间的相互影响和相互制约关系，它描述了各个结点的平衡条件、位移的连续性条件和所有的边界条件。在相邻单元的公共点或公共面上，场函数的连续性能够自动满足。

4.2.5 边界条件

结构力学分析中，许多问题可以用数理方程表示，它们只有在满足所有的边界条件时才得以求解，否则，总体刚度矩阵是奇异的，其逆矩阵不存在，因而无法求解。边界条件可分为齐次和非齐次两种，齐次边界条件表示边界结点的某个自由度完全地受到约束，即沿该自由度方向的位移等于零。只要把与该自由度有关的行和列从总体刚度矩阵中划去，就表示已考虑了这一边界条件。非齐次边界条件表示一个边界结点沿某自由度的位移为给定值，但不等于零。处理这种边界条件在于把总体刚度矩阵中的相应的主对角元素置为一个大数，同时把荷载项相应的值改为已知的位移值乘以相同的大数。

4.2.6 求结点位移

对于对称正定的总体刚度矩阵，采用一维或二维存储，可以采用高斯消元法或 Crout 分解法求解。

4.3 结构动力分析的计算方法

建立有限元运动微分方程要用到动态问题的变分原理——Hamilton 原理，该原理如下，在满足协调条件、约束条件或运动边界条件以及在时间 t_1 和 t_2 的条件的所有可能的位移随时间变化的形式中，是真实解的那种变化形式使拉格朗日泛函数取得最小值。

上述原理中的拉格朗日泛函数定义为：

$$L = T - U - W_{\mathrm{d}} - W_{\mathrm{e}} \tag{4-17}$$

式（4−17）中，T 为物体的动能，具体可写为：

$$T = \iiint_v \frac{1}{2}\rho\{\dot{\boldsymbol{\delta}}\}^2 \mathrm{d}x\mathrm{d}y\mathrm{d}z \tag{4-18}$$

式中：ρ——质量密度，即单位体积的质量；

$\{\boldsymbol{\delta}\}$——位移列向量，$\{\boldsymbol{\delta}\}=\{u,\ v,\ w\}^{\mathrm{T}}$，其中位移 u、v、w 均为时间的函数；

$\{\dot{\boldsymbol{\delta}}\}$——速度列向量，$\{\dot{\boldsymbol{\delta}}\}=\{\dot{u},\ \dot{v},\ \dot{w}\}^{\mathrm{T}}$，其中速度 $\dot{u}$、$\dot{v}$、$\dot{w}$ 均为时间的函数。

式（4−17）中，U 为物体的应变能，具体可写为：

$$\iiint_v A(u,\ v,\ w)\,\mathrm{d}x\mathrm{d}y\mathrm{d}z \tag{4-19}$$

式（4−19）中，$A(u,\ v,\ w)$ 为单位应变能，具体可写为：

$$A(u,\ v,\ w) = \frac{1}{2}\{\boldsymbol{\varepsilon}\}^{\mathrm{T}}\{\boldsymbol{\sigma}\} = \frac{1}{2}\{\boldsymbol{\varepsilon}\}^{\mathrm{T}}[\boldsymbol{D}]\{\boldsymbol{\varepsilon}\} \tag{4-20}$$

式中：$\{\boldsymbol{\varepsilon}\}$——结构应变列向量，对一般弹性体有 $\{\boldsymbol{\varepsilon}\} = \{\varepsilon_x,\ \varepsilon_y,\ \varepsilon_z,\ \gamma_{xy},\ \gamma_{yz},\ \gamma_{zx}\}^{\mathrm{T}}$；

$\{\boldsymbol{\sigma}\}$——结构应力列向量，对一般弹性体有 $\{\boldsymbol{\sigma}\} = \{\sigma_x,\ \sigma_y,\ \sigma_z,\ \tau_{xy},\ \tau_{yz},\ \tau_{zx}\}^{\mathrm{T}}$；

$[\boldsymbol{D}]$——结构弹性常数矩阵，一般由材料特性决定。

式（4–17）中，W_d 为阻尼力势能，具体可写为：

$$W_d = \iiint_v \frac{1}{2}\rho\{\dot{\delta}\}^2 \mathrm{d}x\mathrm{d}y\mathrm{d}z \tag{4-21}$$

式（4–17）中，W_e 为外力势能，包括体积力势能 W_{e1} 和表面力势能 W_{e2}，具体形式如下：

$$W_{e1} = \iiint_v \{\boldsymbol{\delta}\}^{\mathrm{T}}\{\boldsymbol{F}_v\}\mathrm{d}x\mathrm{d}y\mathrm{d}z \tag{4-22}$$

$$W_{e2} = \iint_s \{\boldsymbol{\delta}\}^{\mathrm{T}}\{\boldsymbol{F}_s\}\mathrm{d}S \tag{4-23}$$

式中：$\{\boldsymbol{F}_v\}$——体积力行向量，$\{\boldsymbol{F}_v\}=\{X, Y, Z\}$，$X$、$Y$、$Z$ 分别为物体体积域 V 内沿坐标 x、y、z 方向单位体积的体积力；

$\{\boldsymbol{F}_s\}$——表面力行向量，$\{\boldsymbol{F}_s\}=\{\overline{X}, \overline{Y}, \overline{Z}\}$，$\overline{X}$、$\overline{Y}$、$\overline{Z}$ 分别为物体表面 S 上沿三个坐标轴方向单位面积的表面力分量。

由 Hamilton 原理可知，使拉格朗日泛函数为极小值的位移才是真实的，所以有：

$$\delta\int_{t_1}^{t_2} L\mathrm{d}t = 0 \tag{4-24}$$

先建立一个单元的运动微分方程。在有限元等参单元分析中，有：

$$\{\boldsymbol{\delta}\} = [\boldsymbol{N}]\cdot\{\boldsymbol{\delta}_e\} \tag{4-25}$$

$$\{\dot{\boldsymbol{\delta}}\} = [\boldsymbol{N}]\cdot\{\dot{\boldsymbol{\delta}}_e\} \tag{4-26}$$

$$\{\boldsymbol{\varepsilon}\} = [\boldsymbol{B}]\cdot\{\boldsymbol{\delta}_e\} \tag{4-27}$$

$$\{\boldsymbol{\sigma}\} = [\boldsymbol{D}]\cdot\{\boldsymbol{\varepsilon}\} \tag{4-28}$$

式中：$\{\boldsymbol{\delta}_e\}$——结点位移列向量；

$[\boldsymbol{N}]$——形状函数矩阵；

$[\boldsymbol{B}]$——形状函数导数矩阵（应变矩阵）。

对于不同的单元形式，上述矩阵形式是不完全相同的。将式（4–25）～式（4–28）代入式（4–17）中，得到拉格朗日泛函数：

$$L = \frac{1}{2}\iiint_v [\rho\{\dot{\delta}_e\}^{\mathrm{T}}[N]^{\mathrm{T}}[N]\{\dot{\delta}_e\} - \{\delta_e\}^{\mathrm{T}}[B]^{\mathrm{T}}[D][B]\{\delta_e\} - c\{\dot{\delta}_e\}^{\mathrm{T}}[N]^{\mathrm{T}}[N]\{\delta_e\} + 2\{\delta_e\}^{\mathrm{T}}[N]^{\mathrm{T}}\{F_v\}]\mathrm{d}V + \iint_s \{\delta_e\}^{\mathrm{T}}[N]^{\mathrm{T}}\{F_s\}\mathrm{d}S \tag{4-29}$$

应用 Hamilton 原理，在时间区间 $[t_1, t_2]$ 上对 L 积分，并使其变分为零，同时考虑矩阵的对称性有：

$$\delta\int_{t_1}^{t_2}L\mathrm{d}t=\int_{t_1}^{t_2}\Big[(\boldsymbol{\delta}\{\dot{\boldsymbol{\delta}}_{\mathrm{e}}\}^{\mathrm{T}})(\iiint_v\rho[\boldsymbol{N}]T[\boldsymbol{N}]\mathrm{d}V)\{\dot{\boldsymbol{\delta}}_{\mathrm{e}}\}-(\boldsymbol{\delta}\{\boldsymbol{\delta}_{\mathrm{e}}\}^{\mathrm{T}})(\iiint_v[\boldsymbol{B}]^{T}[\boldsymbol{D}][\boldsymbol{B}]\mathrm{d}V)\{\boldsymbol{\delta}_{\mathrm{e}}\}-$$

$$(\boldsymbol{\delta}\{\dot{\boldsymbol{\delta}}_{\mathrm{e}}\}^{\mathrm{T}})\left(\iiint_v c[\boldsymbol{N}]^{\mathrm{T}}[\boldsymbol{N}]\mathrm{d}V\right)+2(\boldsymbol{\delta}\{\boldsymbol{\delta}_{\mathrm{e}}\}^{\mathrm{T}})\left(\iiint_v[\boldsymbol{N}]^{\mathrm{T}}\{\boldsymbol{F}_V\}\mathrm{d}V+\iint_s[\boldsymbol{N}]^{\mathrm{T}}\{\boldsymbol{F}_{\mathrm{s}}\}\mathrm{d}S\right)\Big]\mathrm{d}t$$

$$=0 \tag{4-30}$$

对第一项应用分步积分公式得到：

$$\int_{t_1}^{t_2}(\boldsymbol{\delta}\{\dot{\boldsymbol{\delta}}_{\mathrm{e}}\}^{\mathrm{T}})\left(\iiint_v\rho[\boldsymbol{N}]^{\mathrm{T}}[\boldsymbol{N}]\mathrm{d}V\right)\{\dot{\boldsymbol{\delta}}_{\mathrm{e}}\}\mathrm{d}t=\left[(\boldsymbol{\delta}\{\dot{\boldsymbol{\delta}}_{\mathrm{e}}\}^{\mathrm{T}})\left(\iiint_v\rho[\boldsymbol{N}]^{\mathrm{T}}[\boldsymbol{N}]\mathrm{d}V\right)\{\dot{\boldsymbol{\delta}}_{\mathrm{e}}\}\right]_{t_1}^{t_2}-$$

$$\int_{t_1}^{t_2}(\boldsymbol{\delta}\{\boldsymbol{\delta}_{\mathrm{e}}\}^{\mathrm{T}})\left(\iiint_v\rho[\boldsymbol{N}]^{\mathrm{T}}[\boldsymbol{N}]\mathrm{d}V\right)\{\ddot{\boldsymbol{\delta}}_{\mathrm{e}}\}\mathrm{d}t \tag{4-31}$$

根据 Hamilton 原理，式 (4–31) 中第一项等于零，因为$\delta\{\delta_{\mathrm{e}}(t_1)\}=\delta\{\delta_{\mathrm{e}}(t_2)\}=0$，于是就剩下第二项了。按照同样的方法处理式 (4–31) 中的第三项，可以得到：

$$\int_{t_1}^{t_2}(\boldsymbol{\delta}\{\dot{\boldsymbol{\delta}}_{\mathrm{e}}\}^{\mathrm{T}})\left(\iiint_v c[\boldsymbol{N}]^{\mathrm{T}}[\boldsymbol{N}]\mathrm{d}V\right)\{\boldsymbol{\delta}_{\mathrm{e}}\}\mathrm{d}t=-\int_{t_1}^{t_2}(\boldsymbol{\delta}\{\boldsymbol{\delta}_{\mathrm{e}}\}^{\mathrm{T}})\left(\iiint_v c[\boldsymbol{N}]^{\mathrm{T}}[\boldsymbol{N}]\mathrm{d}V\right)\{\dot{\boldsymbol{\delta}}_{\mathrm{e}}\}\mathrm{d}t \tag{4-32}$$

采用下列符号：

$$[\boldsymbol{M}_{\mathrm{e}}]=\iiint_v\rho[\boldsymbol{N}]^{\mathrm{T}}[\boldsymbol{N}]\mathrm{d}V \tag{4-33}$$

$$[\boldsymbol{K}_{\mathrm{e}}]=\iiint_v[\boldsymbol{B}]^{\mathrm{T}}[\boldsymbol{D}][\boldsymbol{B}]\mathrm{d}V \tag{4-34}$$

$$[\boldsymbol{C}_{\mathrm{e}}]=-\iiint_v c[\boldsymbol{N}]^{\mathrm{T}}[\boldsymbol{N}]\mathrm{d}V \tag{4-35}$$

$$\{\boldsymbol{R}_{\mathrm{e}}\}=2\left(\iiint_v[\boldsymbol{N}]^{\mathrm{T}}\{\boldsymbol{F}_v\}\mathrm{d}V+\iint_S[\boldsymbol{N}]^{\mathrm{T}}\{\boldsymbol{F}_s\}\mathrm{d}S\right) \tag{4-36}$$

式中：$[\boldsymbol{M}_{\mathrm{e}}]$——单元质量矩阵；

$[\boldsymbol{K}_{\mathrm{e}}]$——单元刚度矩阵；

$[\boldsymbol{C}_{\mathrm{e}}]$——单元阻尼矩阵；

$\{\boldsymbol{R}_{\mathrm{e}}\}$——单元瞬变结点力列向量。

则公式 (4–31) 可以写成：

$$\int_{t}^{t_2}(\boldsymbol{\delta}\{\boldsymbol{\delta}_{\mathrm{e}}\}^{\mathrm{T}})([\boldsymbol{M}_{\mathrm{e}}]\{\ddot{\boldsymbol{\delta}}_{\mathrm{e}}\}+[\boldsymbol{C}_{\mathrm{e}}]\{\dot{\boldsymbol{\delta}}_{\mathrm{e}}\}+[\boldsymbol{K}_{\mathrm{e}}]\{\boldsymbol{\delta}_{\mathrm{e}}\}-[\boldsymbol{R}_{\mathrm{e}}])\mathrm{d}t=0 \tag{4-37}$$

由于单元结点位移$\{\boldsymbol{\delta}_{\mathrm{e}}\}$的变分$\delta\{\boldsymbol{\delta}_{\mathrm{e}}\}$是任意选取的，因此可得到动态单元运动方程为：

$$[\boldsymbol{M}_{\mathrm{e}}]\{\ddot{\boldsymbol{\delta}}'_{\mathrm{e}}\}+[\boldsymbol{C}_{\mathrm{e}}]\{\dot{\boldsymbol{\delta}}_{\mathrm{e}}\}+[\boldsymbol{K}_{\mathrm{e}}]\{\boldsymbol{\delta}_{\mathrm{e}}\}=\{\boldsymbol{R}_{\mathrm{e}}\} \tag{4-38}$$

结构整体运动方程可以由单元运动方程集合叠加而得到，具体形式如下：

$$[\boldsymbol{M}]\{\ddot{\boldsymbol{\delta}}_s\}+[\boldsymbol{C}]\{\dot{\boldsymbol{\delta}}_s\}+[\boldsymbol{K}]\{\boldsymbol{\delta}_s\}=\{R_s\} \tag{4-39}$$

式中：$[\boldsymbol{M}]$——结构整体质量矩阵；

$\{\ddot{\boldsymbol{\delta}}_s\}$——结构所有结点位移对时间二阶导数的列向量；

$[\boldsymbol{C}]$——结构整体阻尼矩阵；

$\{\dot{\boldsymbol{\delta}}_s\}$——结构所有结点位移对时间一阶导数的列向量；

$[\boldsymbol{K}]$——结构整体刚度矩阵；

$\{\boldsymbol{\delta}_s\}$——结构所有结点位移的列向量；

$\{\boldsymbol{R}_s\}$——结构所有结点瞬变结点力列向量。

4.4 结构动力的求解

4.4.1 结构振动特征方程的求解

自振频率和振型是码头结构动力特性的主要内容之一，是进行码头结构动力特性分析的重要参数和码头抗震设计的基础。由于框架集装箱码头结构比较复杂，结构动力自由度较大，求解全部的自振频率比较困难。实践证明：高阶振型的影响很小，没有必要求解全部特征值及其对应的振型。因此，为节约计算工作量，在进行结构动力分析时，一般只求解前几阶频率及相应振型。

求解大型结构自振频率和振型的常用方法有迭代法、逆迭代法、瑞利—里兹(Rayleigh–Ritz)法、子空间迭代法、兰索斯（Lanczos)法、瑞利（Rayleigh)商迭代法、行列式搜索法等多种方法，本章采用的是兰索斯（Lanczos)法。

4.4.2 振动微分方程的求解

振动微分方程式（4–39)是二阶常微分方程组，关于它的解法，原则上可以利用求解常微分方程组的常用方法（例如Runge–Kutta法），但是在有限元动力分析中，因为矩阵的阶数很高，用这些常用算法一般是不经济的。一般情况下，可以借鉴一阶常微分方程组的求法，采用直接积分法和振型叠加法来进行近似求解。

直接积分法是指对运动方程不进行方程形式的变换而直接进行逐步数值积分。通常的直接积分法是基于两个概念，一是将求解域 $0<t<T$ 内的任何时刻 t 都应满足运动方程的要求，代之仅在一定条件下近似地满足运动方程，比如可以仅在相隔 Δt 的离散的时间点满足运动方程；二是在一定数目的 Δt 区域内，假设位移、速度、加速度的函数形式。

如果把振动微分方程式（4–39)看作常系数微分方程组，就可以用任何一种有限差分格式通过位移来近似表示速度和加速度，因此采用不同的差分格式就得到不同的方法。从差分格式上看，分显式和隐式两大类方法。所谓显式差分法就是不必对方程进行求解，而是由前一时刻 t 的已知平衡条件直接就可以求解 Δt 增量后时刻 $t+\Delta t$ 的各参数；而隐式差分法则必须对方程进行求解。应用最为广泛的显式差分法是中心差分法，而威尔逊(Wilson-θ)法和纽马克（Newmark)法是最为常用的隐式差分法，本书主要介绍纽马克(Newmark)法的求解过程。

纽马克（Newmark)法的基本假设如下：

$$\dot{u}_{t+\Delta t}=\dot{u}_t+[(1-\delta)\ddot{u}_t+\delta\ddot{u}_{t+\Delta t}]\Delta t \tag{4-40}$$

$$u_{t+\Delta t}=u_t+\dot{u}_t\Delta t+[(0.5-\alpha)\ddot{u}_t+\alpha\ddot{u}_{t+\Delta t}]\Delta t^2 \tag{4-41}$$

式中，α 和 δ 是由积分精度和稳定性要求决定的参数。当 $\alpha=1/6$，$\delta=1/2$ 时，纽马克(New mark) 法即为线性加速度法；当 $\alpha=1/6$，$\delta=1/2$ 时，纽马克(Newmark)法相当于常平均加速度法，即假定从 t 到 $t+\Delta t$ 时刻的加速度保持不变，取为 $(\ddot{u}_t+\ddot{u}_{t+\Delta t})/2$。由式（4—40)和式（4—41)可得到用 u_t、$\dot{u}_t$、$\ddot{u}_t$、$u_{t+\Delta t}$ 表示的 $\dot{u}_{t+\Delta t}$、$\ddot{u}_{t+\Delta t}$，具体表达式如下：

$$\dot{u}_{t+\Delta t}=\frac{\delta}{\alpha\Delta t}(u_{t+\Delta t}-u_t)+\left(1-\frac{\delta}{\alpha}\right)\dot{u}_t+\left(1-\frac{\delta}{2\alpha}\right)\Delta t\ddot{u}_t \tag{4-42}$$

$$\ddot{u}_{t+\Delta t}=\frac{1}{\alpha\Delta t^2}(u_{t+\Delta t}-u_t)-\frac{1}{\alpha\Delta t}\dot{u}_t+\left(1-\frac{1}{2\alpha}\right)\ddot{u}_t \tag{4-43}$$

把式（4—42)和式（4—43)代入 $t+\Delta t$ 时的振动微分方程：

$$M\ddot{u}_{t+\Delta t}+C\dot{u}_{t+\Delta t}+Ku_{t+\Delta t}=R_{t+\Delta t} \tag{4-44}$$

得到计算 $u_{t+\Delta t}$ 的两步递推公式：

$$\begin{aligned}\left(K+\frac{1}{\alpha\Delta t^2}M+\frac{\delta}{\alpha\Delta t}C\right)u_{t+\Delta t}=R_{t+\Delta t}+M\left[\frac{1}{\alpha\Delta t^2}u_t+\frac{1}{\alpha\Delta t}\dot{u}_t+\left(\frac{1}{2\alpha}-1\right)\ddot{u}_t\right]+\\ C\left[\frac{\delta}{\alpha\Delta t}u_t+\left(\frac{\delta}{\alpha}-1\right)\dot{u}_t+\left(\frac{\delta}{2\alpha}-1\right)\Delta t\ddot{u}_t\right]\end{aligned} \tag{4-45}$$

由此可求解得到 $u_{t+\Delta t}$，然后由式（4—42)和式（4—43)求解出 $\dot{u}_{t+\Delta t}$、$\ddot{u}_{t+\Delta t}$。

从上面的推导过程可以看出，纽马克（Newmark)法不需要特别的初始过程，因为在 $t+\Delta t$ 时刻的位移、速度和加速度都用 t 时刻的量来表示；在大型通用程序中，一般取 $\alpha=0.25$，$\beta=0.5$；当 $\beta\geqslant0.5$，$\alpha\geqslant0.25(0.5+\beta)$ 时，纽马克（Newmark)法的积分格式是无条件稳定的。因此，避免了在 Δt 选取上的麻烦，Δt 的选择主要根据解的精度要求确定。具体来说，可根据对结构响应有主要贡献的若干基本振型的周期来确定；由于每一步都必须对原方程进行求解，尽管对刚度矩阵和质量矩阵的三角分解只需进行一次，但每一步都必须进行回代，所以计算时间相对较长。

5 内河码头结构抗震技术

5.1 概述

为了更全面地认识内河码头结构动力学特性，为相关工程提供抗震校核参考，在静力分析的基础上，通过两种不同的地震反应分析方法进一步研究内河码头结构在地震荷载作用下的响应。以实际工程为依托，基于模态分析、反应谱分析、多点激励分析等理论，采用有限元软件对码头结构进行三维地震响应分析。通过码头结构的模态分析码头结构的振型、固有频率，同时利用反应谱分析法和多点激励分析法得到不同方向的地震行波引起的码头结构动力响应和基于行波相位差而引起的码头结构动力反应分析，并针对动力特性和地震响应分析码头抗震性能，提出抗震措施。

模态分析是研究结构动力特性的一种近代方法，是系统辨别方法在工程振动领域中的应用。模态是结构的固有振动特性，每一个模态具有特定的固有频率、阻尼比和模态振型。这些模态参数可以由计算或试验分析取得，这样一个计算或试验分析过程称为模态分析。振动模态是弹性结构的固有的、整体的特性。如果通过模态分析方法搞清楚了结构物在某一易受影响的频率范围内各阶主要模态的特性，就可预言结构在此频段内对外部或内部各种振源作用的实际振动响应，而且一旦通过模态分析知道了模态参数并给予了验证，我们就可以把这些参数用于设计过程，优化系统动态特性，或者研究把该结构连接到其他结构上时所产生的影响。因此，模态分析是结构动态设计及设备故障诊断的重要方法。

反应谱分析法是结构动力分析的方法之一，在抗震设计中主要有两个步骤。首先是记录用于设计的地震反应谱；然后是将结构的振动方程进行振型分解，用振型广义坐标表示物理位移，利用前一步中的设计反应谱可以求得广义坐标的最大值，最后，将各振型的反应最大值组合起来便可以得出反应量的最大值。但是，由于它属于弹性分析范畴，而大多材料具有非线性特性，而且接触面上的相对位移和剪应力之间也存在非线性问题，如果遇到强烈地震时，建筑结构的地基与回填土的互相作用导致的变形也非完全弹性，有时产生塑性的残余变形，所以，对于那些重要的大型建筑结构不建议应用反应谱法进行抗震分析。如果要进行抗震设计，则需采用时程分析法，该方法可以表现出弹塑性过程。反应谱法有其自身的优点：设计反应谱一旦确定以后，主要解决的就是振型分解以及反应谱的组合问题；只要选取少量的低阶振型，通过反应谱法就能得到较满意的结果，因此我国以及世界上很多国家，在其抗震设计规范中都采用了该方法来计算地震作用。基于以上优点，很多国内外的专家学者又提出了多种适合其他情况的修正方法。Berrah 和 Kausel 运用修正系数的方式把现行的 CQC 法应用到多点输入中；Yamamura 和 Tanaka 根据空间分布情况以及场地的地质情况把结构的各个支撑点分组，并且假定每组中的每一个支点都是完全相关的，但是组与组之间互不相关，以此为基础形成了一种近似的反应谱分析方法；Kiureghian 和 Neuenhofer 基于随机振动理论，推导出一套新的反应谱分析方法——MS-CQC 法，该方法是理论上最为严密的分析方法。

反应谱法先用动力理论计算得出质点体系的地震响应，建立和自振特性相关的反应谱曲线；然后用加速度反应谱计算结构的最大惯性力，并把此惯性力等效为地震荷载施加于结构上，最后仍然按照静力理论进行结构设计和计算，因此，它是一种拟静力方法。我国抗震规范及高层结构设计规范都要求在高层建筑中用反应谱方法计算等效地震力，包括反应谱底部剪力法和反应谱振型叠加法。对于框架结构，一般来说，人为增加柱相对于梁的抗弯能力，是钢筋混凝土框架在大地震情况下，梁端的塑性铰出现较早、达到最大非线性位移时塑性转动较大的原因；而柱端塑性铰出现较晚，在达到最大非线性位移时塑性转动较小，甚至根本不出现塑性铰，保证了框架具有一个较为稳定的塑性耗能机构和较大的塑性耗能能力。

由于地震的多维性，它对结构及其构件的作用是空间作用，因此将结构简化成平面模型并只考虑单向地震动作用的弹塑性分析，不能全面反映和揭示结构地震反应的本质。相关研究表明，多维地震动力作用下的结构反应比仅考虑一维地震动力作用的结构反应大得多，结构在地震作用下，除了发生平移振动以外，还会发生扭转振动。引起扭转振动的原因，一是地面运动存在转动分量，或地震时地面各点的运动存在着相位差；二是结构本身存在偏心，即结构的质量中心与刚度中心不相重合。震害表明，扭转作用会加重结构破坏，在某种情况下将成为导致结构破坏的主要因素。因此，在进行结构地震分析时仅仅考虑单分量地震动作用是不够的，应进行多维地震动作用下的结构反应分析。传统的结构地震反应分析方法，仅考虑地面运动随时间的变化特性，而未涉及地面运动的空间变化，即假定各支点的地震输入是完全相同的。这对于平面尺寸较小的结构是可以接受的，但是对于平面尺寸较大的结构，由于地面上各点到震源的距离不同，接收到的地震波也必然存在着相位差，而相位差对结构反应将产生重要影响。在这种情况下，必须考虑各支承点在同一时刻承受不同的地面运动时，由于支承点相对运动所引起的结构内部的拟静力应力，这就是所谓的多点输入问题。

5.2 架空斜坡道码头抗震分析

斜坡码头曾经是西部内河大水位差港口最常用的码头结构形式。根据相关西部山区河流码头形式与水位差的关系的调查统计资料显示：当设计高低水位差在 10 ~ 20m 时，直立式码头所占比例最高；当设计高低水位差在 20 ~ 30m 时，斜坡式码头所占比例最高；当设计高低水位差在 30m 以上时，斜坡式码头占绝大多数，其他形式的码头几乎没有。根据有关统计资料，在四川省的港口码头中，斜坡式约占 2/3，一般为实体斜坡，少数为透空斜坡；其余为栈桥式、分级直立式、直立式和桥吊式等。斜坡码头就其结构形式可分为实体斜坡和架空斜坡两大类。实体斜坡码头结构主要用于岸坡地形起伏不大、岸坡坡度适宜且坡脚处水深足够的区域；架空斜坡码头结构主要用于河岸坡度陡或河滩成凹形或实体易造成回淤的地方。斜坡码头按上下坡运输作业方式可分为缆车码头、皮带机码头和汽车下河码头。

架空斜坡道结构类似桥梁结构，但是与城市高架桥、立交桥又有不同。一般城市或公路桥梁的纵坡不宜大于 4%，桥头引道纵坡不宜大于 5%，位于城镇混合交通繁忙处桥上纵坡和桥头引道纵坡均不得大于 3%；而在港口码头建设中，由于水平距离的限制，架空斜坡道的坡度一般都为 9% ～ 10%。相关架空斜坡道结构在地震作用下的动力力学性能的研究还很少。

架空斜坡道码头结构的动力分析主要通过模态、反应谱、动力时程分析等方法，明确结构动力特性，了解地震作用下的结构响应，确定结构抗震设计的关键控制参数。

5.2.1　模态分析

内河架空斜坡道码头结构一般是由双桩或多桩构成的桩柱式墩台和钢筋混凝土 T 形梁构成的上部结构组成的多跨架空斜坡式结构。为了解此类结构的动力特性，采用有限元法，对重庆港江津石门港区综合泊位架空斜坡道结构（图 5–1 和图 5–2）进行模态分析，该码头架空斜坡道采用简支结构，取其中一跨进行分析，结构模型如图 5–3 所示。

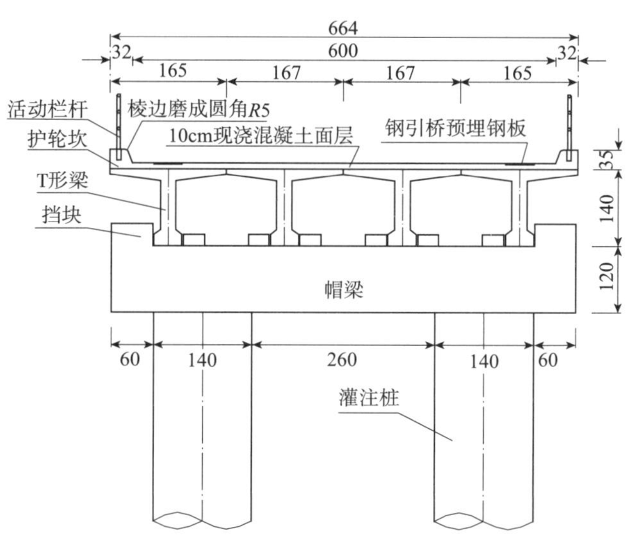

图 5–1　石门港区综合泊位架空斜坡道结构断面图（尺寸单位：cm）

一般来说，结构系统的固有频率处于激励荷载频率附近的部分模态的贡献最大，愈远离激励频率的部分模态的贡献愈小。在实际计算中，只要考虑那些贡献大的模态即可满足工程实际的需要。因此，对码头结构提取了前 8 阶模态及相应的频率，如表 5–1 所示，f 为结构的固有频率，ω 为结构的圆频率，T 为结构的固有周期。各阶模态的参与质量见表 5–2，各阶模态振型见图 5–4。

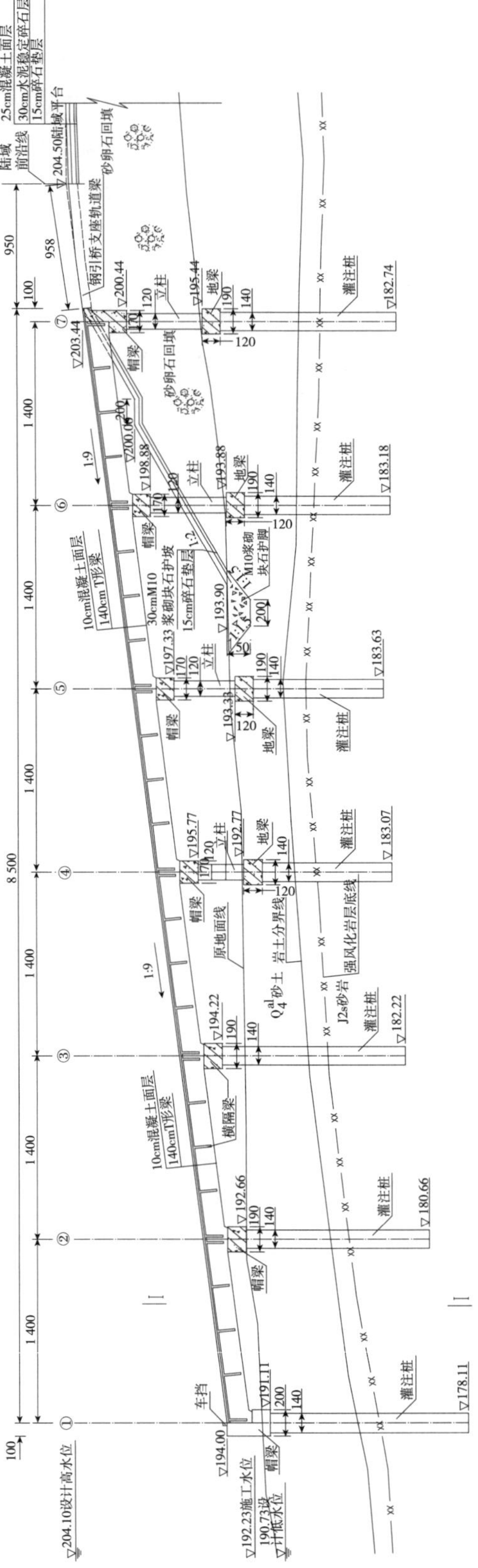

图 5-2　石门港区综合泊位架空斜坡道结构纵断面图（尺寸单位：cm；高程单位：m）

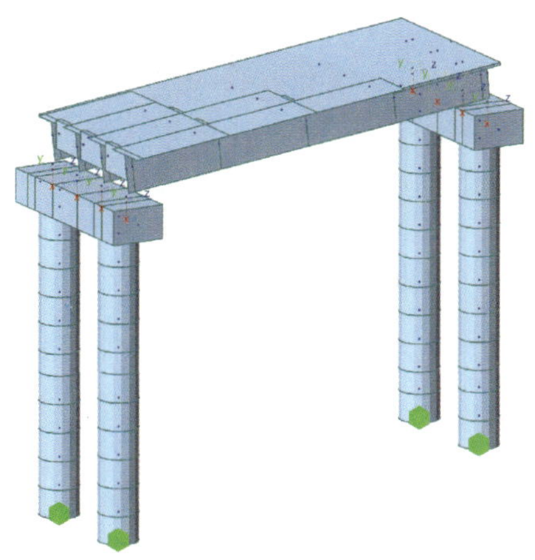

图 5–3 模态分析计算模型

各阶模态的频率和周期 表 5–1

模 态	频 率		周 期	容 许 误 差
	ω（r/s）	f（周 /s）	T（s）	
1	24.490 218	3.897 739	0.256 559	$1.326\ 9\times10^{-15}$
2	27.492 033	4.375 493	0.228 546	0
3	36.099 055	5.745 343	0.174 054	$1.744\ 8\times10^{-16}$
4	91.356 829	14.539 891	0.068 776	$2.179\ 5\times10^{-16}$
5	106.832 119	17.002 860	0.058 814	$1.593\ 8\times10^{-15}$
6	112.182 681	17.854 428	0.056 009	$1.156\ 3\times10^{-15}$
7	142.888 434	22.741 401	0.043 973	$5.006\ 9\times10^{-14}$
8	165.779 663	26.384 653	0.037 901	$3.500\ 2\times10^{-11}$

各阶模态的参与质量 表 5–2

模态	TRAN–X		TRAN–Y		TRAN–Z		ROTN–X		ROTN–Y		ROTN–Z	
	质量参数（%）	合计（%）	质量参数（%）	合计（%）	质量参数（%）	合计（%）	质量参数（%）	合计（%）	质量参数（%）	合计（%）	质量参数（%）	合计（%）
1	82.98	82.98	0	0	0	0	0	0	0.02	0.02	0	0
2	0	82.98	84.21	86.12	0	0	0	0	0	0.02	0	0
3	0	82.98	0	86.12	0	0	0	0	0	0.02	0	0
4	0.02	82.99	0	86.12	21.69	21.69	0	0	0	0.02	0	0
5	0	82.99	0.45	87.27	0	21.69	0.01	0.01	0	0.02	0	0
6	0	82.99	1.15	87.38	0	21.69	0.02	0.03	0	0.02	0	0
7	0	82.99	0.31	87.38	0	21.69	0	0.03	0	0.02	0	0
8	7.74	90.73	0	92.00	0	21.69	0	0.03	1.3	1.33	0	0

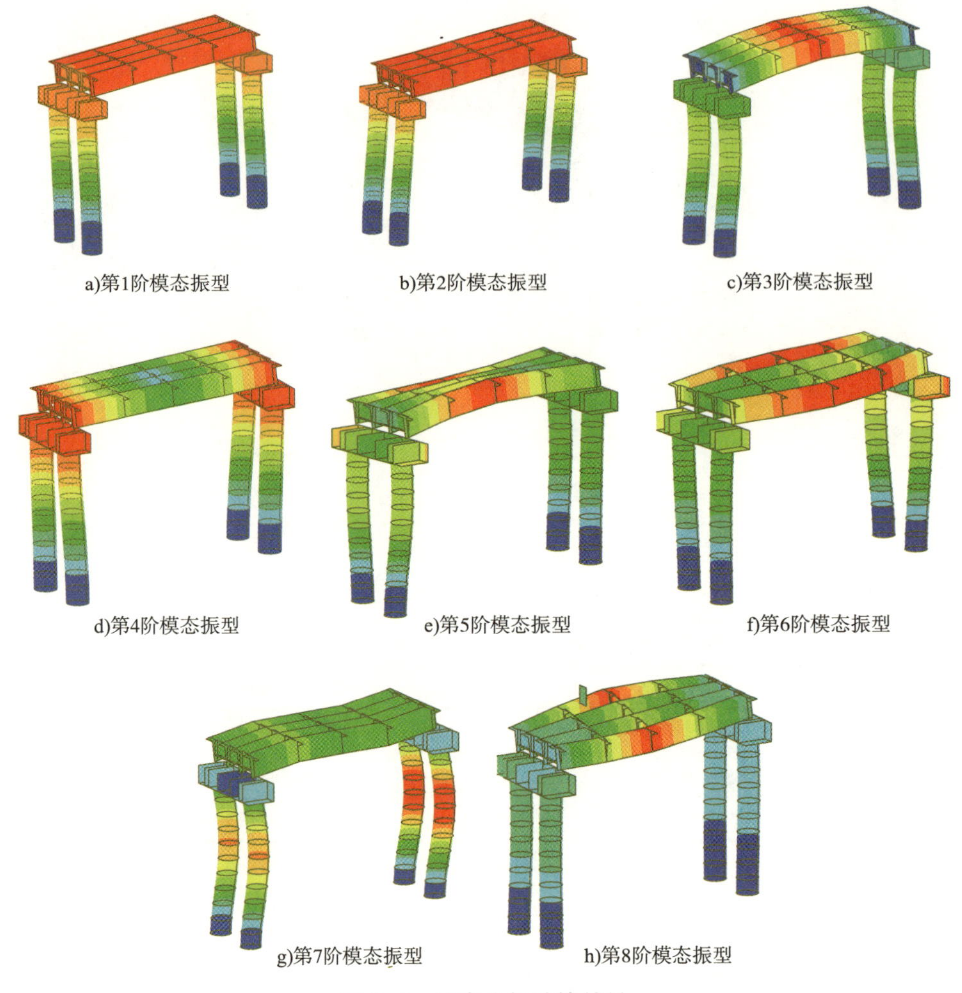

a)第1阶模态振型 b)第2阶模态振型 c)第3阶模态振型

d)第4阶模态振型 e)第5阶模态振型 f)第6阶模态振型

g)第7阶模态振型 h)第8阶模态振型

图 5-4 模态分析计算结果

（1）观察各阶模态频率的变化趋势，第 1 阶到第 3 阶频率变化不大，第 3 阶和第 4 阶模态之间以及第 6 阶模态之后，都存在着频率的跃升，反映出从简单振型到复杂振型相应刚度的急剧变化，从而可以看出结构在不同方向、不同振型的刚度差异。在表 5-2 中我们可以看到第 8 振型就已经满足 90% 以上的水平质量参与系数的限制要求。

（2）第 1 阶到第 3 阶频率为 3.898 ~ 5.745Hz，振型为平面内的水平运动，没有垂直方向的运动，斜坡道面板四周边缘对位移没有明显的约束，位移最大；第 1 阶到第 3 阶振型不同，但接近的频率和振型表示它们有类似的成因，可认为是同一族模态。该阶模态的频率较低，较容易被激发，有水平方向激励时，在振动响应中占有主导性作用。

（3）第 4 阶到第 7 阶频率为 14.540 ~ 22.741Hz，振型主要为以码头桩基嵌固点为对称点的反对称弯曲模态，在对称点的两侧形成以桩基嵌固点为结点的波浪形状，同时在水平方向也有小幅运动。以码头桩基嵌固点为对称点的反对称的水平运动模态，在对称点的两侧形成以桩基嵌固点为结点的波浪形状和垂直方向的弯曲一起构成了一个空间运动模态。该阶模态有车辆荷载等垂直激励时，在振动响应中占有主导性作用。

(4) 频率随模态阶数的分布呈明显的分段集中，1 ~ 3 阶模态、5 ~ 7 阶模态频率差别不大，而这两段之间，频率呈现明显的跃升，因此要尽量避免出现频率在 3.898 ~ 5.745Hz 和 17.003 ~ 22.741Hz 范围内的激励源。

5.2.2 不同坡度下架空斜坡道地震反应谱分析

反应谱分析属于谱分析的范畴，谱分析是将模态分析结果与一个已知的谱联系起来计算模型的位移和应力的分析技术，主要用于确定结构对随机荷载或随时间变化荷载（如地震、风荷载等）的动力响应情况。通常谱分析有两种形式：响应谱和功率谱密度（也称为随机振动）。其中，响应谱分析方法是定量技术，分析的输入输出数据都是实际的最大值；功率谱密度是一种定性分析技术，分析的输入输出都只代表它们在一特定值时发生的可能性。一个响应谱代表单自由度系统对一个时间历程荷载函数的响应，它是一个响应与频率的关系曲线，其中响应可以是位移、速度、加速度、力等。响应谱又分为单点反应谱和多点反应谱两类，其中单点响应谱（SPRS）是指在模型的一个点集上定义一条或一簇响应谱曲线，多点响应谱（MPRS）是指在模型的不同点集上定义不同的响应谱曲线。这里运用 Midas/Civil 进行反应谱分析时仅采用一条响应谱曲线。

根据《水运工程抗震设计规范》（JTS 146—2012）进行荷载组合，以顺河向、横河向及与河岸成 45° 三个方向分别施加水平激励，得出三个方向的位移图和内力图，如图 5-5 ~图 5-7 分别为顺河向、横河向及与河岸成 45° 的位移图和轴力图。

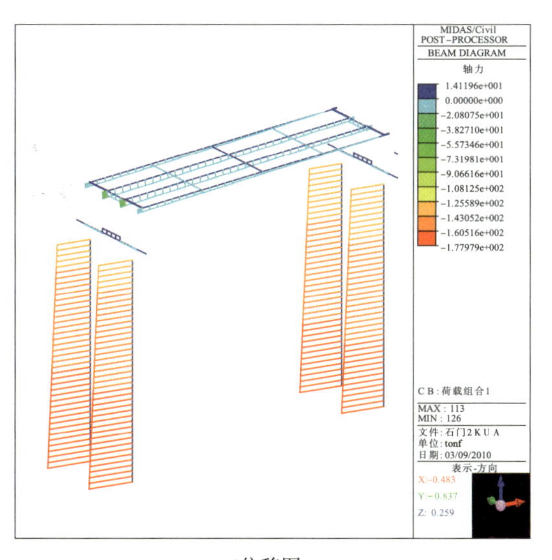

a)位移图

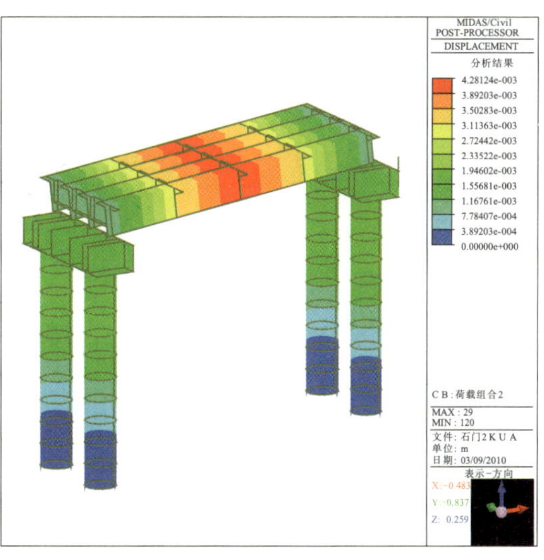

b)轴力图

图 5-5 顺河向激励位移图和轴力图

为了更加清楚地反映各坡度下架空斜坡道的地震响应结果之间的差异，特对各计算模型的内力（包括轴力、剪力、弯矩等）及位移进行对比，如图 5-8 ~图 5-10 为不同坡度的位移值和轴力图。

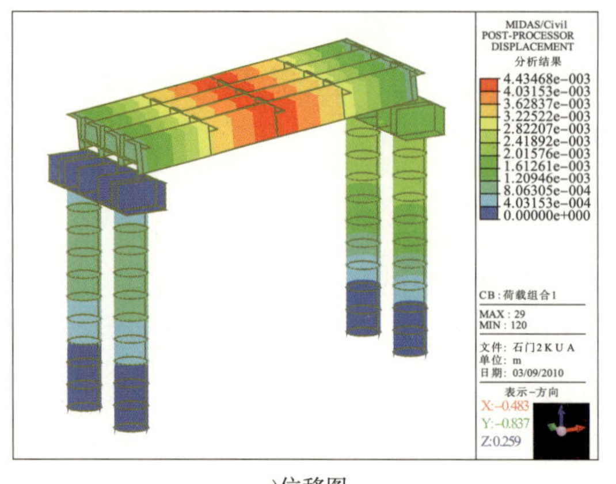

a)位移图

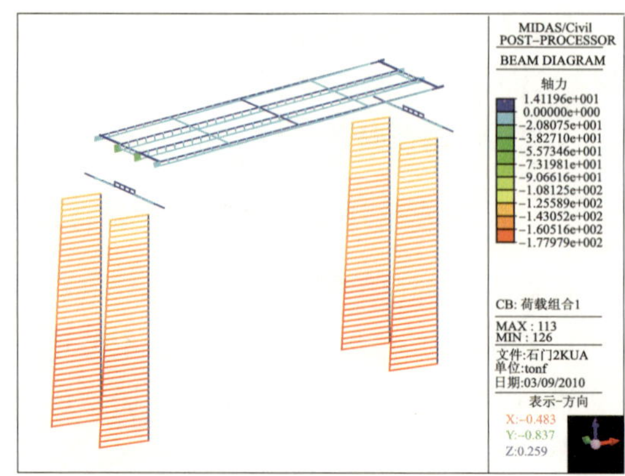

b)轴力图

图 5-6　横河向激励位移图和轴力图

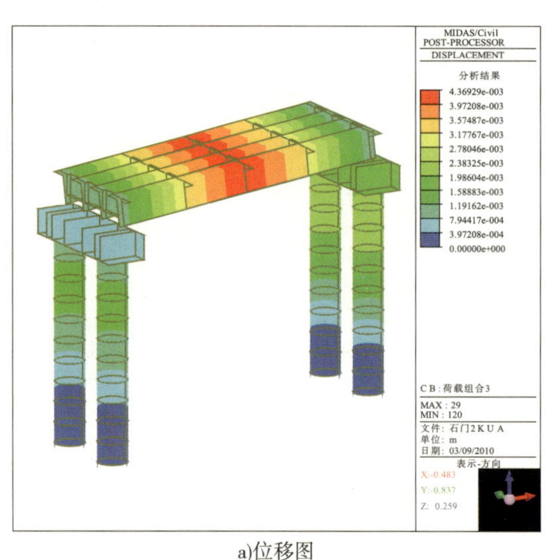

a)位移图

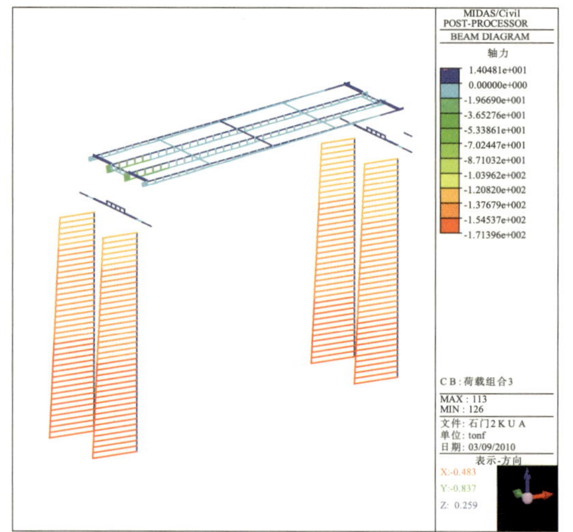

b)轴力图

图 5-7　与河岸成 45°方向激励位移图和轴力图

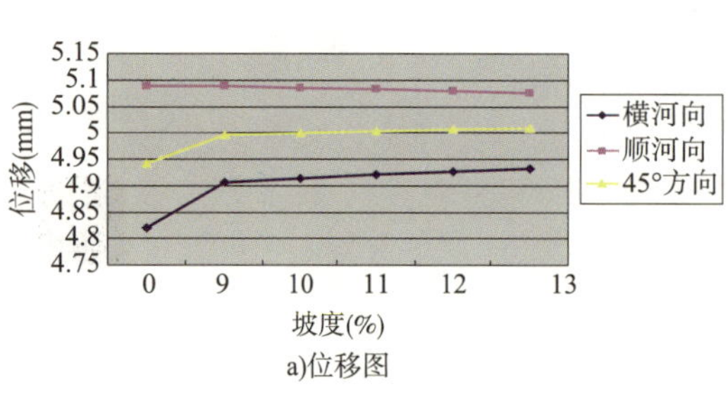

a)位移图

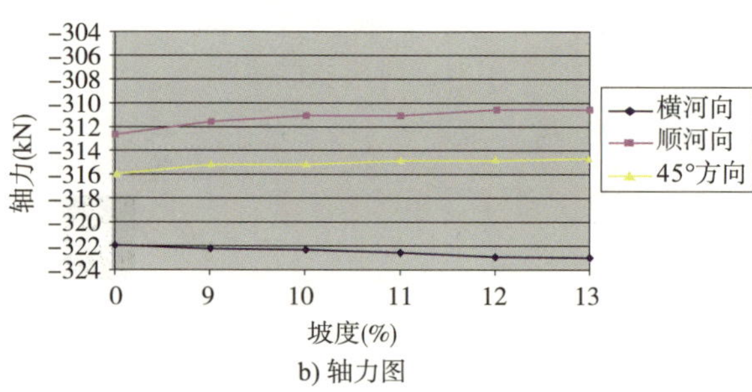

b) 轴力图

图 5-8　不同坡度的位移值和轴力值

为了更加清楚地反映架空斜坡道各主要部位的受力情况及地震反应状况，特对主要截面进行分析比较各截面在不同坡度以及不同激励下的受力情况，各截面编号如图 5-11 所示。

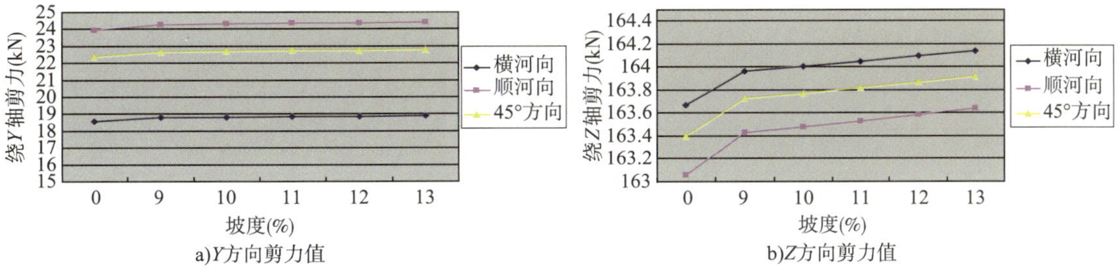

图 5-9　不同坡度下 Y 方向剪力值和 Z 方向剪力值

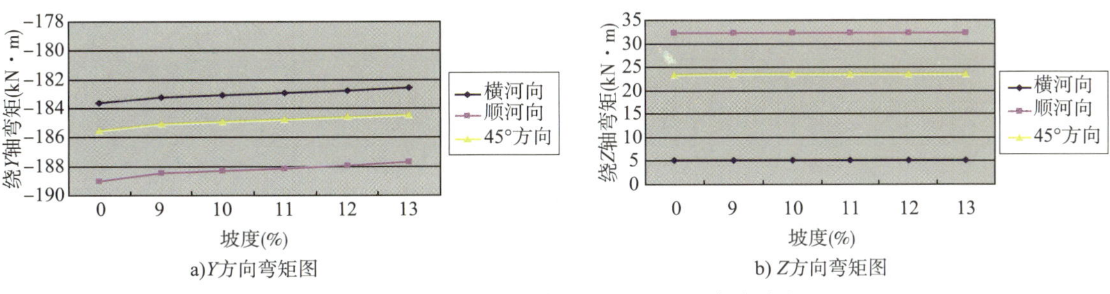

图 5-10　不同坡度下 Y 方向弯矩图和 Z 方向弯矩图

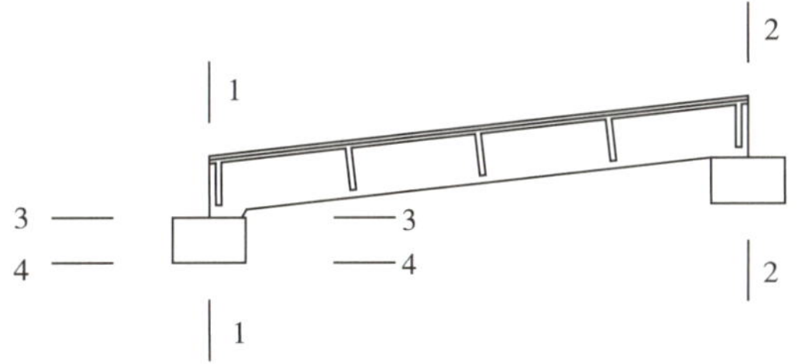

图 5-11　各主要截面编号

各截面在不同坡度以及不同激励下的受力情况见表 5-3 ～表 5-5。

不同坡度下横河方向激励各截面的内力对比表　　表 5-3

截面编号	坡度（%）	轴力（kN）	剪力（kN）		扭矩（kN · m）	弯矩（kN · m）	
			Y	Z		Y	Z
1	9	8.996	−3.179	−67.77	3.855	−141.5	−0.511 8
	10	9.689	−3.173	−67.7	3.856	−141.4	−0.464 2
	11	10.38	−3.167	−67.63	3.857	−141.2	−0.416 6
	12	10.79	−3.161	−67.54	3.858	−141	0.421 4
	13	11.76	−3.155	−67.46	3.859	−140.7	0.467 6
2	9	−5.716	2.813	84.65	−3.949	−183.2	0.654 8
	10	−6.571	2.819	84.58	−3.952	−183	0.511 5
	11	−7.422	2.826	84.5	−3.955	−182.9	0.464 2
	12	−8.272	2.833	84.41	−3.958	−182.7	0.416 9
	13	−9.12	2.84	84.32	−3.961	−182.5	0.369 4

续上表

截面编号	坡度（%）	轴力（kN）	剪力（kN）		扭矩（kN · m）	弯矩（kN · m）	
			Y	Z		Y	Z
3	9	−5.917	0.075 63	164	−14.89	−62.54	3.764
	10	−5.917	0.031 3	164	−14.8	−62.56	3.621
	11	−5.918	−0.012 79	161.2	−14.72	−62.58	3.623
	12	−5.919	−0.056 74	161.2	−14.63	−62.59	3.626
	13	−5.92	−0.100 5	161.3	−14.53	−62.61	3.628
4	9	−286.9	0.575 7	13.21	0.145 5	70.85	3.742
	10	−287	0.575 7	13.2	0.142 9	70.79	3.743
	11	−287	0.575 7	13.19	0.140 3	70.73	3.743
	12	−287.1	0.575 7	13.18	0.137 6	70.66	3.742
	13	−287.2	0.575 6	13.17	0.135	70.58	3.742

不同坡度下顺河方向激励各截面的内力对比表 表 5−4

截面编号	坡度（%）	轴力（kN）	剪力（kN）		扭矩（kN · m）	弯矩（kN · m）	
			Y	Z		Y	Z
1	9	20.96	−0.512 9	−69.44	4.521	−153.7	2.748
	10	21.68	−0.508	−69.38	4.523	−153.5	2.806
	11	22.4	−0.503 1	−69.31	4.526	−153.3	2.863
	12	23.12	−0.498 1	−69.24	4.528	−153.2	2.921
	13	23.83	−0.493 3	−69.16	4.531	−153	2.978
2	9	3.041	4.883	84.6	−3.118	−167.8	6.355
	10	2.206	4.895	84.54	−3.116	−188.3	6.294
	11	1.374	4.907	84.46	−3.114	−188.1	6.232
	12	0.544 7	4.919	84.38	−3.111	−187.9	6.17
	13	−0.581 9	4.932	84.29	−3.109	−187.7	6.108
3	9	−1.453	0.843 6	163.4	−27.05	−53.14	7.362
	10	−1.449	0.796 2	163.5	−26.98	−53.16	7.332
	11	−1.445	0.748 7	163.5	−26.89	−53.18	7.301
	12	−1.442	0.700 8	163.6	−26.81	−53.2	7.27
	13	−1.438	0.652 7	163.6	−26.73	−53.23	7.238
4	9	−270.5	6.06	8.542	3.855	51.49	29.4
	10	−270.6	6.061	8.532	3.846	51.43	29.4
	11	−270.6	6.062	8.521	3.838	51.36	29.4
	12	−270.7	6.062	8.509	3.83	51.29	29.41
	13	−270.7	6.064	8.497	3.822	51.21	29.41

不同坡度下 45° 方向激励各截面的内力对比表 表 5-5

截面编号	坡度（%）	轴力（kN）	剪力（kN）		扭矩（kN·m）	弯矩（kN·m）	
			Y	*Z*		*Y*	*Z*
1	9	17.36	−1.319	−68.37	4.301	−145.4	1.953
	10	18.08	−1.314	−68.31	4.303	−145.3	2.007
	11	18.8	−1.308	−68.23	4.305	−145.1	2.061
	12	19.51	−1.303	−68.16	4.308	−144.9	2.115
	13	20.22	−1.298	−68.07	4.31	−144.7	2.169
2	9	0.209 7	4.242	84.63	−3.373	−185.1	4.582
	10	−0.857 9	4.253	84.56	−3.373	−184.9	4.525
	11	−1.713	4.263	84.48	−3.373	−184.7	4.467
	12	−2.566	4.274	84.4	−3.373	−184.6	4.41
	13	−3.416	4.285	84.3	−3.372	−184.4	4.352
3	9	−2.772	0.491 4	163.7	−19.36	−56.06	5.737
	10	−2.769	0.445 3	163.8	−19.28	−56.08	5.733
	11	−2.767	0.399 2	163.8	−19.2	−56.1	5.728
	12	−2.764	0.353	163.9	−19.11	−56.12	5.723
	13	−2.762	0.306 8	163.9	−19.01	−56.14	5.718
4	9	−276	4.452	11.62	2.754	64.11	21.87
	10	−276	4.453	11.61	2.747	64.05	21.88
	11	−276.1	4.453	11.6	2.74	63.98	21.88
	12	−276.1	4.454	11.59	2.734	63.91	21.88
	13	−276.2	4.455	11.58	2.727	63.84	21.88

通过计算分析可以得出以下结论：

（1）在同一坡度下

①从位移和轴力方面来看，顺河方向振动时的位移最大，横河向振动最小，在 45° 方向振动的大小介于前两者之间。从轴力方面来看，同样是顺河方向振动时轴力最大，45° 方向振动时的轴力大小在顺河方向与横向振动大小之间。

②从剪力方面来看，横向激励时 *Z* 轴剪力最大，顺河方向激励时 *Z* 轴剪力最小，而且顺河方向和横向激励时 *Z* 方向的剪力相差很小。*Z* 方向的剪力是 *Y* 方向的剪力的数倍，所以可只考虑 *Z* 轴的剪力。

③从弯矩方面来看，三个方向激励时，绕 *Y* 轴的弯矩相差不大，横向激励时弯矩最大，顺河方向激励时弯矩最小。*Z* 轴的弯矩在横向激励时最大，但 *Y* 轴的弯矩几乎是它的 5 倍，故 *Y* 轴弯矩占主导地位。

（2）在不同坡度下

坡度的变化对位移和各内力值的影响很小，几乎可以忽略。

综上所述：

（1）架空斜坡道结构在纵向和水平方向的刚度差别不大。水平方向上顺河向刚度较小，横向刚度较大。从抗震角度来看，应该降低横向刚度，但是这样会增大结构受其他动荷载作用时的位移，由于地震属于偶然荷载，而移动荷载和水流力属于可变荷载，因此，设计时不应降低结构的横向刚度。

（2）由于架空斜坡道结构的坡度变化有限，地震作用对不同坡度的架空斜坡道结构的影响几乎不变，因此架空斜坡道坡度的结构对地震作用响应的影响可以忽略。

5.2.3 架空斜坡道码头抗震性能

通过对架空斜坡道结构进行模态分析和反应谱分析，得出了以下几点主要结论：

（1）架空斜坡道结构各阶模态频率呈现不同频段的密集分布，频段之间的跃升反映了由简单振型到复杂振型刚度的迅速增大，而频段内的密集分布反映了结构的同级振型刚度较接近，这说明结构刚度分布较均匀，同时应避免出现各密集频段附近的激励荷载。

（2）由模态分析结果看出，第 1 阶到第 3 阶模态振型为平面内的水平运动，其频率相对较低，较容易被激发；因此有船舶荷载和汽车冲击荷载等水平激励时，在振动响应中应按主导性作用考虑。第 4 阶到第 7 阶频率在有车辆等荷载的垂直激励时，在振动响应中占有主导性作用。

（3）由反应谱分析结果可以看出，同一反应谱不同方向激励所引起的结构响应有一定的差别。因此，进行抗震反应分析时，应首先选定最不利的激励方向。就架空斜坡道结构而言，其最不利激励方向为横向。在对不同坡度架空斜坡道进行反应谱分析时可以得出，架空斜坡道坡度的结构对地震作用响应的影响可以忽略。

5.3 架空直立式框架码头抗震分析

架空直立式框架码头结构多用于长江等河流的中、下游地区，其水位差一般不超过 20m。例如位于长江中游武汉段北岸的汉阳鹦鹉洲头武汉港集装箱码头（又称杨泗港），其前方栈桥采用高桩框架式结构，4 层系缆，设计水位差约 16m。对于西部内河通航河流，由于水位差很大，可达 30m 左右（重庆港设计高低水位差多为 25 ～ 35m，寸滩集装箱码头设计高低水位差达 34m），加之经济、技术等方面的原因，过去研究和建设都较少。20 世纪 90 年代建成的泸州港集装箱码头是长江上游河段第一座架空直立式集装箱码头，码头设计水位差约 20m；随着三峡水库的蓄水和通航，为充分发挥港口通过能力，提高港区陆域面积和码头泊位利用率，减少船舶待港时间，降低装卸成本，充分发挥港口综合效益，适应港口腹地国民经济发展，21 世纪初在交通运输部的大力支持下，以重庆港寸滩港区集装箱码头工程为依托，开展了内河直立式码头建设关键技术研究，提出并成功建造了我国内河第一座设计水位差超过 30m 的架空直立式框架码头，如图 5-12 所示。

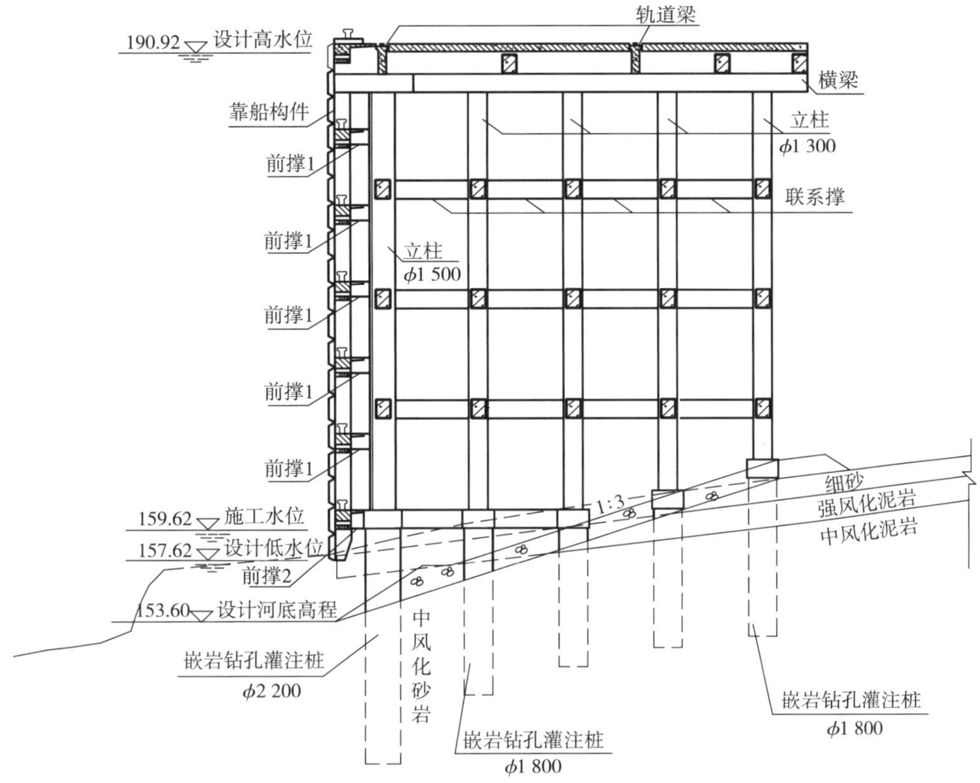

图 5−12　寸滩集装箱码头一期工程结构断面图（尺寸单位：mm；高程单位：m）

由于该类码头泊位通过能力大，装卸成本相对较低。加之河流梯级开发，内河通航条件极大改善，运输船舶越来越大型化，而且我国西部地区经济社会快速发展对内河水运需求日趋增大，因此，架空直立式框架码头结构成为我国西部内河一大批大型化、专业化大水位差港口建设的首选。

寸滩集装箱码头一期工程结构是我国西部内河设计水位差超过 30m 条件下的第一座架空直立式框架码头。该码头结构包括大直径钻孔灌注桩、纵横联系梁、靠船立柱与横撑、分层系靠船梁组成的下部框架结构及由横梁、纵梁和面板等组成的上部结构，如图 5−12 所示。它与传统的框架式码头有较大差异，主要体现在：一是码头设计水位差大（30m 以上），码头结构下部高度大，要求结构具有良好的整体性和足够的刚度；二是由于地基为无覆盖层或浅覆盖层的基岩，基桩只能采用钻孔灌注桩；三是码头结构宽度较小，船舶靠泊时水流流速大，船舶撞击力较大，相应对结构的横向刚度要求较高。

对于这类码头的抗震性能，采用数值分析方法对架空直立式框架码头结构进行研究，其目的是：

（1）通过对码头结构的模态分析，求得其固有振型和固有频率等动力特性。以此为依托，分析架空直立式集装箱码头结构的刚度分布情况，为相关设计提供参考。

（2）以反应谱法对结构进行抗震反应分析，得出地震荷载作用下的结构响应，分析结构的抗震能力，依据结构的动力特性与抗震响应的关系，探讨地震荷载作用下结构响应的规律。

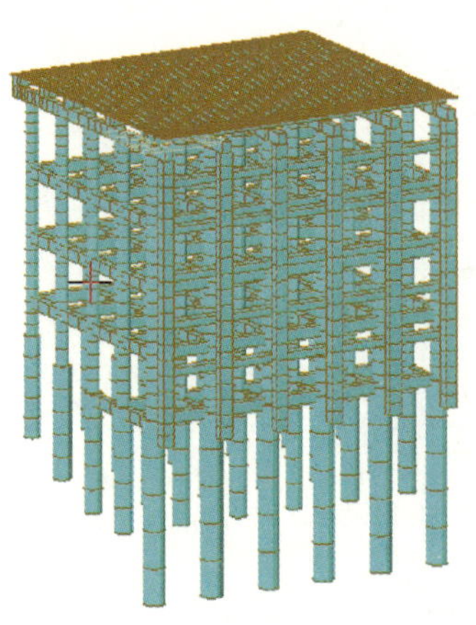

图 5-13　结构有限元模型

（3）分析多点激震行波效应对码头位移、内力的影响，为该类码头结构抗震设计提供依据。

5.3.1　架空直立式框架码头模态分析

针对寸滩集装箱码头一期工程结构（图 5-12），采用有限元法对码头结构进行了模态分析，其结构有限元分析模型如图 5-13 所示。

在满足工程实际的前提下，为减少计算工作量，进行模态分析时，对码头结构提取了前 10 阶模态及相应的频率，如表 5-6 所示，表中 f 为结构的固有频率，ω 为结构的圆频率，T 为结构的固有周期。

各阶模态的频率和周期　　表 5-6

模　态	频　率		周期 T（s）	容 许 误 差
	ω（r/s）	f（周/s）		
1	6.352 633	1.011 053	0.989 068	0
2	6.426 177	1.022 758	0.977 749	0
3	7.132 338	1.135 147	0.880 943	0
4	14.062 528	2.238 121	0.446 803	0
5	21.145 001	3.365 331	0.297 148	9.93×10^{-60}
6	23.119 749	3.679 622	0.271 767	2.73×10^{-54}
7	24.410 37	3.885 031	0.257 398	2.09×10^{-50}
8	26.904 138	4.281 927	0.233 54	1.67×10^{-46}
9	31.706 585	5.046 26	0.198 167	1.51×10^{-36}
10	34.883 288	5.551 848	0.180 12	2.59×10^{-31}

从以上结果可以看出，第 1 阶到第 3 阶频率变化不大，第 3 阶和第 4 阶模态之间以及第 7 阶模态之后，都存在着频率的跃升，反映出从简单振型到复杂振型相应刚度的急剧变化，从而可以分析出结构在不同方向、不同振型的刚度差异，为进一步的抗震分析作铺垫。最后我们需要判断模态分析的质量参与要求，也就是我们常说的 90% 以上的水平质量参与系数的限制。表 5-7 中的第 6 振型就满足该条件。第 1 阶到第 6 阶模态的振型图见图 5-14。

各阶模态的参与质量　　表 5-7

模态	TRAN-X		TRAN-Y		TRAN-Z		ROTN-X		ROTN-Y		ROTN-Z	
	质量参数（%）	合计（%）	质量参数（%）	合计（%）	质量参数（%）	合计（%）	质量参数（%）	合计（%）	质量参数（%）	合计（%）	质量参数（%）	合计（%）
1	84.09	84.09	0.02	0.02	0	0	0	0	0	0	0	0
2	0.02	84.11	82.5	82.52	0.01	0.01	0	0	0	0	0	0

续上表

模态	TRAN-X		TRAN-Y		TRAN-Z		ROTN-X		ROTN-Y		ROTN-Z	
	质量参数(%)	合计(%)	质量参数(%)	合计(%)	质量参数(%)	合计(%)	质量参数(%)	合计(%)	质量参数(%)	合计(%)	质量参数(%)	合计(%)
3	0.37	84.48	0.02	82.54	0	0.01	0	0	0	0	0.03	0.03
4	0	84.48	0.36	82.9	0	0.01	0	0	0	0	0	0.03
5	5.65	90.13	0	82.9	0	0.01	0	0	0.06	0.06	0	0.03
6	0	90.13	7.94	90.84	0.04	0.05	0.06	0.06	0	0.06	0	0.03
7	0	90.13	0	90.84	0	0.05	0	0.06	0	0.06	0	0.04
8	0	90.13	0	90.84	0	0.05	0	0.06	0	0.07	0.01	0.04
9	0	90.13	0	90.84	1.5	1.55	0	0.06	0	0.07	0	0.04
10	0	90.13	0.03	90.87	0	1.55	0	0.06	0	0.07	0	0.04

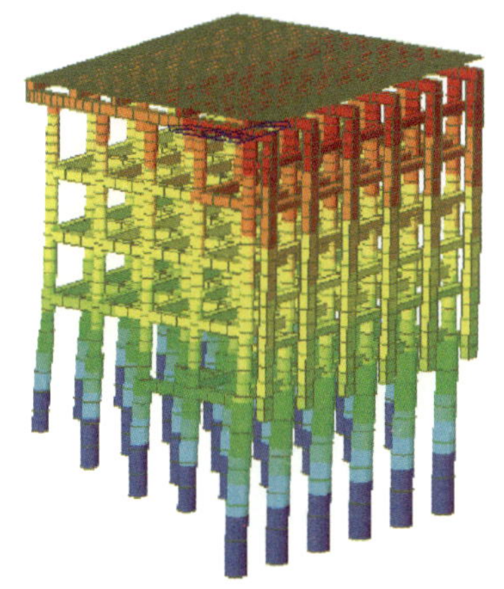
a)第1阶振型(整体纵向振动)

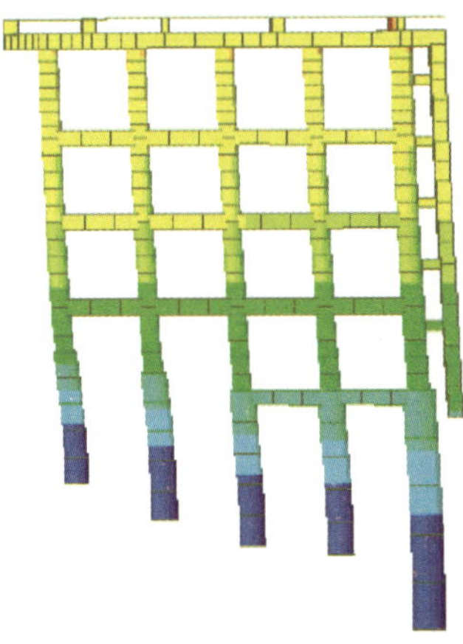
b)第2阶振型图(整体横向振动)

c)第3阶振型图(整体水平面内扭转振动)

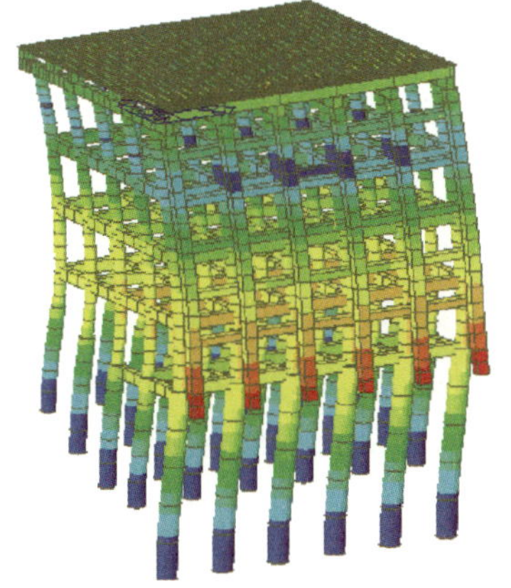
d) 第4阶振型图(中部纵向振动)

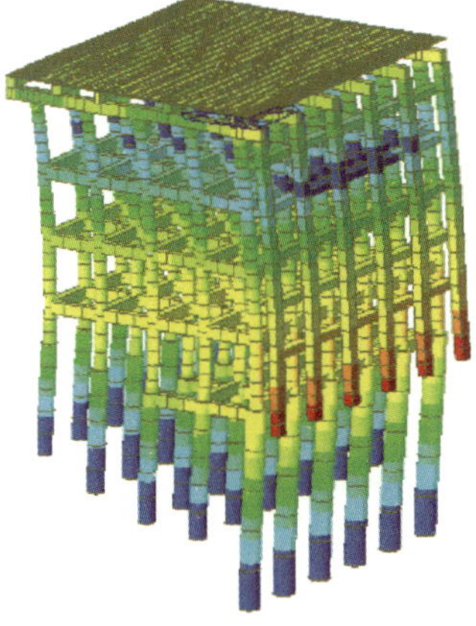
e)第5阶振型图(下部结构中部横向振动)

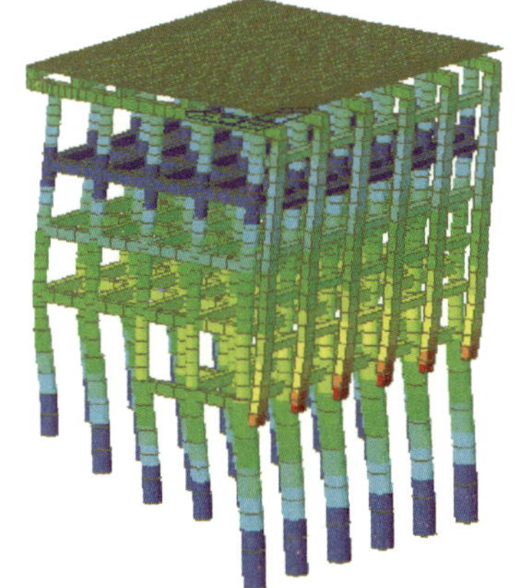
f)第6阶振型图(下部结构中部以结构内纵向竖平面为对称面作对称振动)

图 5-14 架空直立式框架码头结构各阶振型图

5.3.2 架空直立式框架码头地震反应谱分析

采用反应谱法对寸滩一期工程集装箱码头结构进行三维有限元动力仿真计算，通过对码头结构在地震作用下的动位移及各构件的内力情况进行分析，评价结构的整体动力工作效应，从而达到验证和优化工程设计以及为相关设计积累经验的目的。

根据《中国地震动参数区划图》(GB 18306—2015)，码头区对应的地震基本烈度为Ⅵ度。根据《水运工程抗震设计规范》(JTS 146—2012) 进行荷载组合，以顺河向、横向和与河岸成 45° 三个方向分别施加水平激励，得到了三个方向的位移和内力，见表 5-8。

三个方向激励结构内力和位移对比表　　表 5-8

	振动方向	位移 (mm)	轴力 (kN)	绕 Y 轴弯矩 (kN · m)	绕 Z 轴弯矩 (kN · m)	Y 方向剪力 (kN)	Z 方向剪力 (kN)
反应谱分析	顺河方向激励	8.230 73	9 325.60	2 736.99	915.967	190.625	2 875.52
	横向激励	5.536 49	8 926.87	2 785.40	996.752	214.226	2 947.72
	45°方向激励	6.405 04	9 047.17	2 770.69	972.525	198.332	2 926.26

根据分析结果可知：

(1) 顺河方向振动时的位移最大，横向振动最小，在 45° 方向振动的大小介于前两者之间。从轴力来看，同样是顺河方向振动时轴力最大，45° 方向振动时的轴力大小介于顺河方向与横向振动大小之间。

(2) 三个方向激励时，绕 Y 轴的弯矩相差不大，横向激励时弯矩最大，顺河方向激励时弯矩最小。顺河方向激励和横向激励相差为：

$$\beta = \frac{2\ 785.40 - 2\ 736.99}{2\ 785.40} \times 100\% = 1.74\%$$

从上式可得，这两个方向相差非常小，所以设计刚度横向和纵向相差不大。Z 轴的弯矩在横向激励时最大，但 Y 轴的弯矩几乎是它的 3 倍，故 Y 轴弯矩占主导地位。

(3) 从剪力方面来看，Z 方向的剪力几乎是 Y 方向剪力的 3 倍，所以我们只考虑 Z 轴的剪力。横向激励时 Z 轴剪力最大，顺河方向激励时 Z 轴剪力最小，相差为：

$$\beta = \frac{2\ 947.72 - 2\ 875.52}{2\ 947.72} \times 100\% = 2.45\%$$

从上式可知，顺河方向和横向激励时 Z 方向的剪力相差很小。

以上表明，结构在纵向和横向的刚度差别不大，顺河向刚度较小，横向刚度较大。从抗震角度来看，应该降低横向刚度，但是这样会增大结构受其他动荷载作用时的位移，由于地震属于偶然荷载，而船舶撞击力属于可变荷载，因此，不应降低横向刚度。

5.3.3 多点激震分析

根据《水运工程抗震设计规范》(JTS 146—2012) 进行荷载组合，以纵向、横向两个方向分别考虑该种结构多点激震的行波效应，明确顺河方向和横向方向的位移和内力。

根据抗震规范，我们选取 1952, Taft Lincoln School, Vertical 加速度时程，其峰值加速度幅值为 10.48cm/s^2，持续时间为 54.24s，阻尼比为 0.05，选取加速度时程曲线如图 5-15 所示。

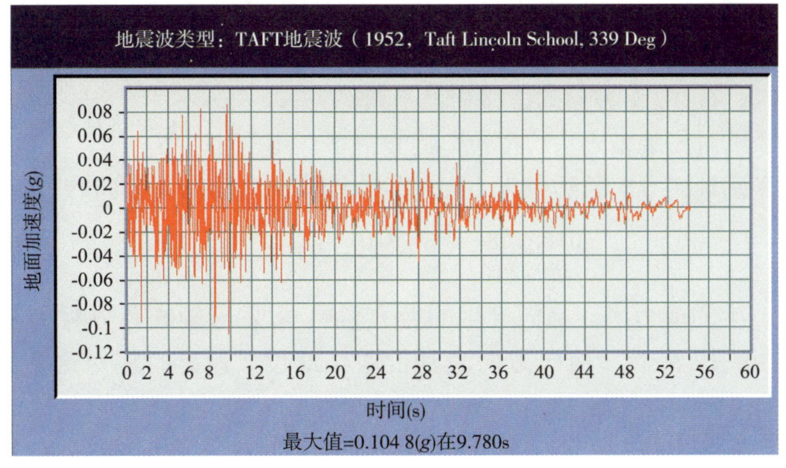

图 5-15 加速度时程曲线

计算结果见表 5-9 ~表 5-12。

两个方向多点激励结构位移对比表 表 5-9

多点激励各方向位移最大值			
激励方向	X 方向（m）	Y 方向（m）	Z 方向（m）
顺河方向	0.237	0.003	−0.004
横向方向	0.000 5	0.234	0.004

两个方向多点激励结构绕 X、Y、Z 轴转动分量对比表 表 5-10

多点激励各方向转动分量最大值			
激励方向	绕 X 方向（rad）	绕 Y 方向（rad）	绕 Z 方向（rad）
顺河方向	0.000 4	0.001 2	0.000 4
横向方向	0.001 4	0.001 2	0.000 04

两个方向多点激励结构沿 X 轴轴力，Y、Z 轴剪力对比表 表 5-11

多点激励沿 X 轴轴力，沿 Y、Z 轴剪力最大值			
激励方向	沿 X 方向轴力（kN）	沿 Y 轴剪力（kN）	沿 Z 轴剪力（kN）
顺河方向	−8 381.26	349.13	2 048.99
横向方向	−6 753.83	378.12	2 310.66

两个方向多点激励结构沿 X、Y、Z 轴弯矩对比表 表 5-12

多点激励沿 X、Y、Z 轴弯矩最大值			
激励方向	绕 X 轴弯矩（kN · m）	绕 Y 轴弯矩（kN · m）	绕 Z 轴弯矩（kN · m）
顺河方向	813.69	3 978.37	−963.29
横向方向	292.02	2 020.79	3 182.23

由以上计算结果可知：

（1）多点激励从位移上来看，顺河方向的激励对位移产生的影响在 X 方向起主导作用，Y、Z 方向位移相对较小。横向激励时，在 Y 方向的影响起主导作用，X、Z 方向的影响较小。两个方向激励时，在 X、Y 方向的位移相差不大。

（2）多点激励对集装箱码头的扭转影响非常小，几乎可以不考虑。

（3）多点激励顺河方向激励在 X 方向的轴力比横向激励在 X 方向的影响大，相差为：

$$\delta = \frac{616.758 - 580.920}{616.758} \times 100\% = 5.8\%$$

顺河激励产生的剪力也比横向产生的剪力影响小。沿 Z 轴的剪力两个方向相差不大。从表 5-9 ～表 5-12 来看，横向方向激励占主导地位，设计时应对这个方向进行周密考虑。

（4）从表 5-9 ～表 5-12 可以看出，顺河方向激励时 X、Y 方向的弯矩比横向激励时 X、Y 方向的弯矩大得多，设计时需加大这两个方向的刚度，但是在 X 方向总弯矩较小，所以只需加大 Y 方向的刚度。在横向激励时，绕 Z 轴的弯矩比顺河激励时的弯矩大，所以在设计时，弯矩以顺河方向为主，同时考虑横向绕 Z 轴的刚度。

5.3.4 架空直立式框架码头抗震性能分析

通过对架空直立式框架码头结构进行模态分析、反应谱分析以及多点激励分析，对于架空直立式框架码头的抗震性能分析如下：

（1）第 1 阶到第 3 阶频率为 1.01 ～ 1.13Hz，振型为平面内的水平运动，没有垂直方向的运动。结构固有频率首先出现在结构刚度较小的位置和方向，对于寸滩集装箱码头结构而言，上部结构横梁赋予了各排架较好的整体性和较大的刚度，相对而言，纵向上部结构顶部纵撑所能提供的刚度补强作用却要逊色一些，因此，纵向刚度较之横向要小，第 1 阶模态振型即为纵向振动，设计时应加强相应纵向联系梁的刚度。1、2、3 阶振型，频率差别不大，说明结构在各方向刚度的分布较均匀，整体性较好，利于抗震。

（2）频率随模态阶数的分布呈明显的分段集中，第 1 阶到第 3 阶模态、第 4 阶到第 7 阶模态频率差别不大，而这两段之间，频率呈现明显的跃升，因此要尽量避免出现频率在 1.01 ～ 1.13Hz 和 2.23 ～ 3.88Hz 范围内的激励源。

（3）第 4 阶到第 7 阶频率为 2.23 ～ 3.88Hz，振型主要为以码头桩基嵌固点为对称点的反对称弯曲模态，在对称点的两侧形成以桩基嵌固点为结点的波浪形状，同时在水平方向也有小幅运动。以码头桩基嵌固点为对称点的反对称的水平运动模态，在对称点的两侧形成以桩基嵌固点为结点的波浪形状，和垂直方向的弯曲一起，构成了一个空间运动模态。该阶模态有车辆或岸吊荷载的垂直激励时，在振动响应中占有主导性作用。

（4）单点激震分析结果

①顺河方向振动时的位移最大，横向振动最小，在 45° 方向振动的大小介于前两者

之间。从轴力来看，同样是顺河方向振动时轴力最大，45° 方向振动时的轴力大小在顺河方向与横向振动大小之间。

②三个方向激励时，绕 Y 轴的弯矩相差不大，横向激励时弯矩最大，顺河方向激励时弯矩最小。顺河方向激励和横向激励相差为：

$$\beta=\frac{2\ 785.40-2\ 736.99}{2\ 785.40}\times100\%\approx1.74\%$$

从上式可得，这两个方向相差非常小，所以设计刚度横向和纵向相差不大。Z 轴的弯矩在横向激励时最大，但 Y 轴的弯矩几乎是它的 3 倍，故 Y 轴弯矩占主导地位。

③从剪力方面来看，Z 方向的剪力几乎是 Y 方向剪力的 3 倍，所以我们只考虑 Z 轴的剪力。横向激励时 Z 轴剪力最大，顺河方向激励时 Z 轴剪力最小，相差为：

$$\beta=\frac{2\ 947.72-2\ 875.52}{2\ 947.72}\times100\%\approx2.45\%$$

从上式可知，顺河方向和横向激励时 Z 方向的剪力相差很小。

以上说明结构在纵向和横向的刚度差别不大，顺河向刚度较小，横向刚度较大。从抗震的角度来看，应该降低横向刚度，但是这样会增大结构受其他动荷载作用时的位移，由于地震属于偶然荷载，而船舶撞击力属于可变荷载，因此，不应降低横向刚度。

（5）多点激震分析结果：

①多点激励从位移上来看，顺河方向的激励对位移产生的影响在 X 方向起主导作用，Y、Z 方向位移相对小得多。横向激励时在 Y 方向的影响起主导作用，X、Z 方向的影响小得多。两个方向激励时，在 X、Y 方向的位移相差不大。

②多点激励对，集装箱码头的扭转影响非常小，几乎可以不考虑。

③多点激励顺河方向激励在 X 方向的轴力比横向激励在 X 方向的影响大。相差为：

$$\delta=\frac{616.758-580.920}{616.758}\times100\%\approx5.8\%$$

顺河激励产生的剪力也比横向产生的剪力影响小。沿 Z 轴的剪力两个方向的相差不大。从表 5-9 ~表 5-12 来看，横向方向激励占主导地位，设计时应对这个方向进行周密考虑。

④从表 5-9 ~表 5-12 中可以看出，顺河方向激励时 X、Y 方向的弯矩比横向激励时 X、Y 方向的弯矩大得多，设计时需加大这两个方向的刚度，但是在 X 方向总弯矩较小，所以只需加大 Y 方向的刚度。在横向激励时，绕 Z 轴的弯矩比顺河激励时的弯矩大，所以在设计时，弯矩以顺河方向为主，同时考虑横向绕 Z 轴的刚度。

5.4 桥吊码头结构抗震分析

桥吊码头是西部内河中小型港口件杂货和集装箱码头常用的一种结构，它一般是由墩台、桥吊箱梁结构和接岸挡墙等组成。码头一般采用具有两条作业线的双跨桥吊结构形式。一般桥吊结构前方桩基为钢筋混凝土嵌岩钻孔桩，桩基承台上的立柱采用钢管混凝土立柱，立柱间的联系梁采用钢管焊接；中间和后方桩基采用同样结构形式。梁上铺设轨道，并配置起重量为 30.5t 的桁车。码头前沿竖向设多层系靠船平台。桥吊后方直接与后方陆域连接。该类码头前沿装卸作业通过桥式起重机和集卡车或桥式起重机和叉车或桥式起重机和轨道式起重机等完成。当桥吊结构后方不设码头平台结构、接岸挡墙较矮时，桥吊结构长度将较长，桥式起重机的水平行程较远，完成一次集装箱的装卸作业时耗较长，此时泊位通过能力较小；相反，当桥吊结构后方设有码头平台结构，集卡车直接上码头平台结构，桥吊结构长度可较短，桥式起重机的水平行程也较近，完成一次集装箱的装卸作业时耗较短，此时泊位通过能力就较大。

为了解桥吊码头结构的动力特性，以利于抗震设计，对图 5-16 所示的桥吊结构进行了抗震性能分析。

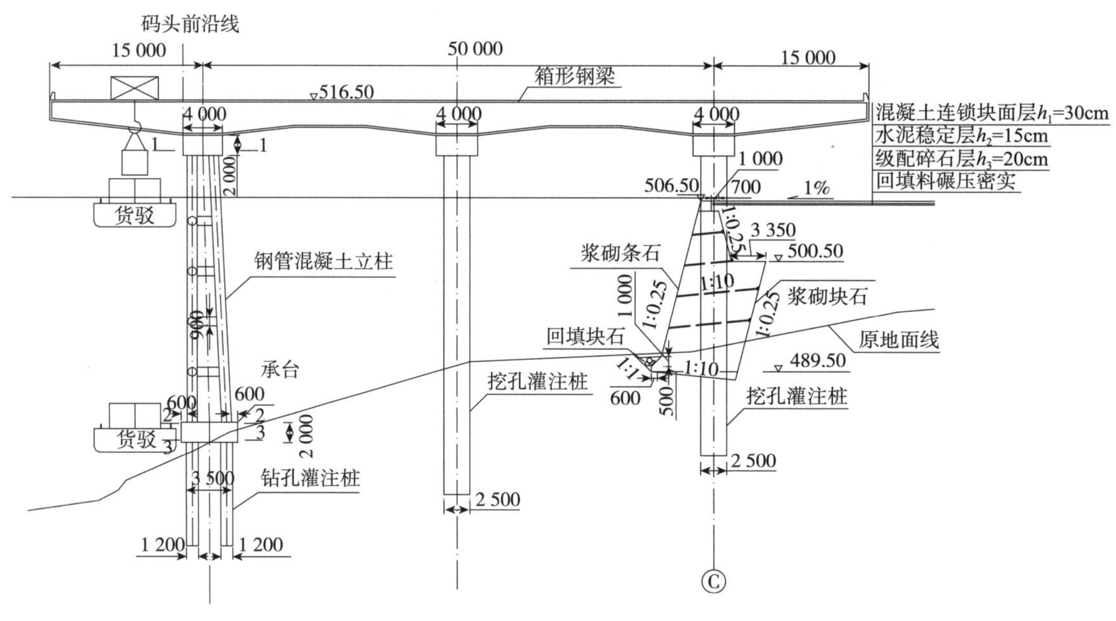

图 5-16　集装箱码头桥吊结构断面图（尺寸单位：mm）

5.4.1　码头桥吊水工结构内力分析

桥吊一般为钢箱梁 + 承台 + 桩柱组合式，钢箱梁长 80m，宽 2m，前承柱采用ϕ 1 200 钢管混凝土柱，横撑采用ϕ 900 壁厚 12mm 钢管，基础采用ϕ 1 400 混凝土灌注桩；后承桩均采用ϕ 2 500 混凝土灌注桩；单榀结构设计承载 70t，由两个吊车轮传递至钢箱梁，轮距 5m；钢箱梁端部防护长度为 2m。桥吊结构分析模型如图 5-17 所示。

根据码头桥吊结构的力学特点及相关规范的规定，依据实际运用要求，设定 10 种分析工况，将 2×35t 集中荷载沿顶钢箱梁由前至后移动，分别施加于端部、支撑处及两侧和跨中。得出计算结果见表 5-13。

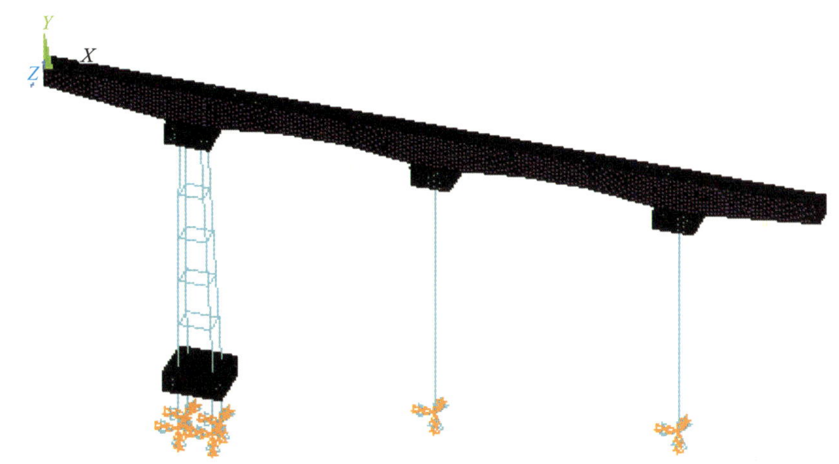

图 5-17 结构模型计算图示

结构部分主要计算值 表 5-13

结构计算结果	数 值
Y 方向最大位移 $U_{Y_{max}}$ (m)	0.045
顶箱梁板单元 X 方向最大拉力 $T_{X_{max}}$ (kN)	935.218
顶箱梁板单元 X 方向最大压力 $T_{X_{max}}$ (kN)	1 560
顶箱梁板单元 Y 方向最大拉力 $T_{Y_{max}}$ (kN)	872.844
顶箱梁板单元 Y 方向最大压力 $T_{Y_{max}}$ (kN)	1 340
顶箱梁板单元 X 方向最大弯矩 $M_{X_{max}}$ (N · m)	142.625
顶箱梁板单元 Y 方向最大弯矩 $M_{Y_{max}}$ (N · m)	74. 902
顶箱梁板单元最大剪力 $T_{XY_{max}}$ (kN)	826. 416
下部支撑最大轴力 $F_{X_{max}}$ (kN)	
ϕ1 200	−2 450
ϕ1 400	−3 620
ϕ2 500	−5 090
下部支撑最大剪力 $F_{Y_{max}}$ (kN)	
ϕ1 200	−188.062
ϕ1 400	−144.244
ϕ2 500	−232.961
下部支撑最大弯矩 $M_{Z_{max}}$ (kN · m)	
ϕ1 200	491.752
ϕ1 400	−648.579
ϕ2 500	2 240
结构最大位移 (m)	0.045

注：1. 表中直径单位为 mm。

2. 板单元坐标系的 x 轴与全局坐标系的 x 轴平行。

通过计算结果分析，可得：

（1）对比 10 种工况，位移最大值为 0.045m，最小值为 0.018m，其中最大位移工况中，下部支撑轴向变形产生的位移处于主要地位。

（2）分析各种工况的变形图易知，钢箱梁的弯曲变形和下部支撑的轴向变形直接决定了结构总位移的大小，因此，设计时应保证它们具有足够的刚度。

（3）增加刚度可从材料和结构构造两方面入手，钢箱梁可以采用高弹模钢材或增加钢板厚度，也可以增加中隔板的数目；下部支撑可以增加柱的截面面积或采用高强度等级混凝土，也可以增加柱的数目。

图 5-18 ～图 5-20 为工况 1 下结构的变形图以及钢板梁单元的部分计算结果。

图 5-18　*Y* 方向位移等值线图

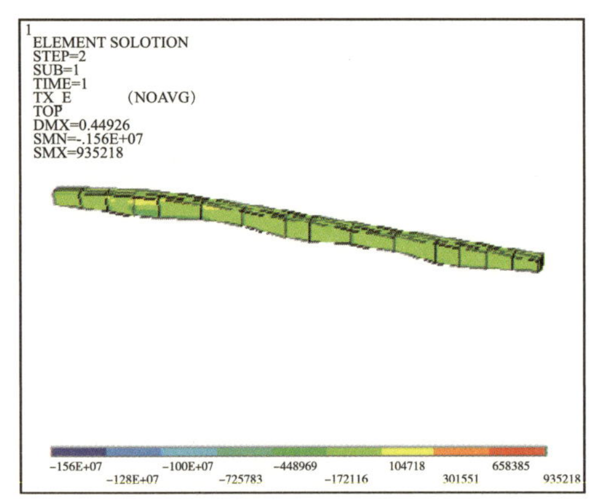

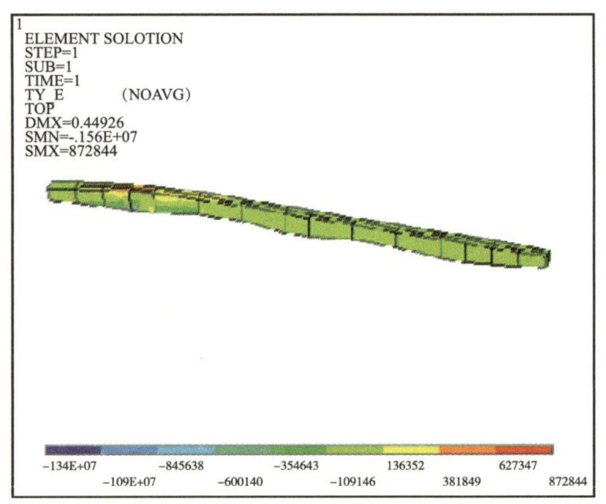

图 5-19　钢梁板单元 *X* 方向应力图（单位：Pa）　图 5-20　顶梁板单元 *Y* 方向应力图（单位：Pa）

5.4.2　桥吊码头模态分析

采用有限元软件对桥吊结构的空间模型进行模态分析计算，得到结构前 10 阶模态分析的固有频率及最大振幅（表 5-14），桥吊结构前 4 阶模态振型见图 5-21。

结构自振频率及振幅　　表 5-14

阶　数	固有频率（Hz）	最大振幅（mm）	振 型 特 征
1	1.09	3.182	下部支撑对称横倾伴随各跨钢箱梁横弯
2	1.24	1.435	下部支撑对称纵倾伴随各跨钢箱梁竖弯
3	1.498	4.264	支撑反对称横倾伴随各跨钢箱梁横弯
4	1.906	6.275	后部支撑反对称横倾伴随各跨钢箱梁横弯
5	2.83	7.196	前部支撑横倾伴随第一跨钢箱梁横弯
6	4.081	2.523	前支撑与后支撑反对称纵倾伴随箱梁竖弯
7	4.411	5.866	支撑反对称横倾伴随各跨箱梁横弯
8	4.438	2.905	前部支撑竖向变形伴随各跨箱梁横弯
9	4.651	2.441	后部两支撑反对称横倾伴随钢箱梁横弯
10	4.709	14.406	下部支撑横倾伴随钢箱梁横弯

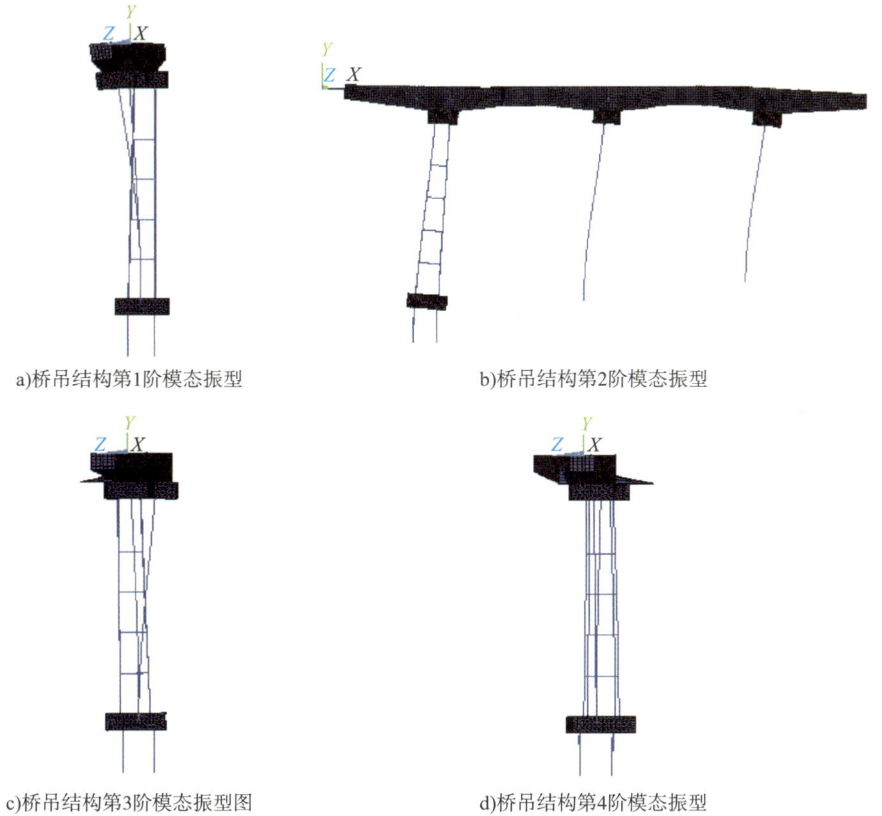

图 5-21　桥吊结构前 4 阶模态振型

5.4.3　桥吊码头抗震性能分析

（1）结构固有频率首先出现在结构刚度较小的位置和方向，对于该桥吊结构而言，下部支撑较高，纵向跨度较大，钢箱梁横向抗弯刚度相对较小，因此首先出现的振型为后部支撑横向倾斜引起的振型，这与实际情况是相符的。

（2）1阶振型频率（基频）为1.09Hz，对于跨度较大的结构而言，还是比较高的，由此可见，虽然支撑较高，跨度较大，但是前部支撑和钢箱梁还是提供了较大的刚度。

（3）由于下部支撑纵向一字排列，又有钢箱梁连接，因此结构纵向刚度较大，在前10阶振型中，竖弯或纵倾的振型只出现两次，因此对该方向的动载有较好的防护作用。

（4）在前10阶振型中，有7阶均表现出较强的横向弯曲，其频率带为1.498～4.709Hz，分布不均匀，其中第10阶模态最大振幅达到了14.406mm，应尽量避免出现这个频段的横向振动激励源。

5.5 重力式码头抗震分析

对于一些西部内河中小型大水位差港口，根据地形地质情况，多采用单级或多级（分级）直立式重力式码头，其码头结构多采用浆砌块体或现浇（块石）混凝土重力式结构。

就单级直立式和多级直立式重力式码头结构在地震作用下挡墙结构和地基基础的力学特性而言，对于地基基础置于稳定的中风化或微风化基岩上的重力式码头结构，其抗震性能较好；对于部分地基持力层为土体的重力式码头结构，在地震作用下，该类重力式码头结构破坏的主要模式和类型为基础隆起或液化导致结构破坏，可以采用全部消除地基液化沉降的措施，这些措施应符合以下规定：

（1）采用桩基时，桩端深入液化深度以下稳定土层中的长度应按计算确定。

（2）采用重力式基础时，基础底面应埋入液化深度以下的稳定土层中，其深度不应小于1m。

（3）采用加密法（如振冲、振动加密、挤密碎石桩、强夯等）加固时，应处置至液化深度下界，且处理后复合地基的标准贯入度不小于规范所确定的液化判读标准贯入锤击数临界值。

（4）用非液化土代替全部液化土。

（5）采用加密法或换填法处治时，在基础边缘以外的处理，应超过基础底面下处理深度的1/2且不小于基础宽度的1/5。

但是调研发现，在西部内河中小型港口或护岸工程中，一些单级或多级直立式重力式码头结构或护岸工程结构还采用有加筋土重力式结构，这里着重对这类码头结构在地震作用下的力学特性进行较为深入的分析研究。

5.5.1 地震作用下加筋土挡墙性能

为分析地震作用下加筋土挡墙的性能，选取重庆市渝中区长江滨江路下河公路码头挡墙进行分析，其几何模型剖面如图5–22所示。

加筋墙体部分采用砂卵石回填，并分层碾压密实，相对密实度均在93%以上（重型标准）。加筋墙体后方部分回填土质成分比较复杂，主要为建筑弃土，其成分为砂岩、泥岩、崩坡或残坡土、风化岩、砖及混凝土破碎块体、掺杂部分垃圾。挡墙面板和基础采用C20

和 C25 混凝土，挡墙下面基础为换填抛石基床，挡墙前面做了部分抛填护脚。长江滨江路码头路堤回填材料的物理力学指标，除加筋土体部分外，要测试并获得满意的结果是比较困难的，参考类似工程、类似填料力学参数经验数值等综合分析获得有关填料的物理力学参数，见表 5-15 ~表 5-17。

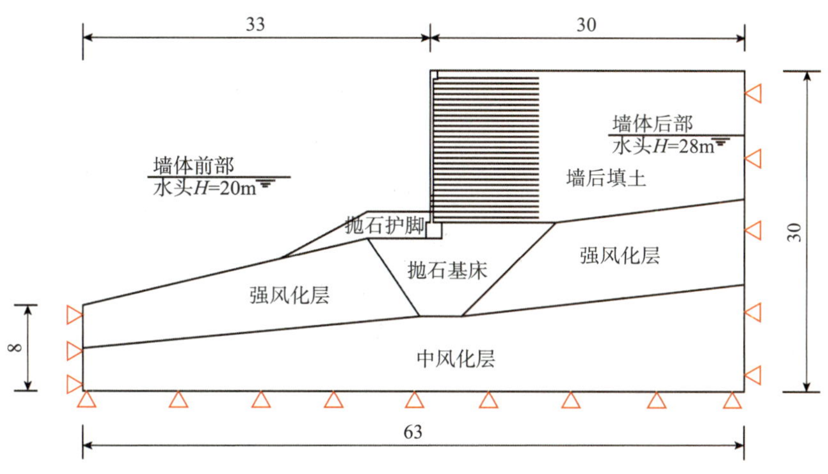

图 5-22 几何模型剖面示意图（尺寸单位：m）

材料渗透参数 表 5-15

材　　料	空隙率 n（%）	渗透系数（km/s）	流体比奥模量
墙后填土	15.00	1×10^{-9}	1.33×10^{4}
强风化层	15.00	1×10^{-11}	1.33×10^{4}
中风化层	15.00	1×10^{-15}	1.33×10^{4}
抛石基床	15.00	1×10^{-14}	1.33×10^{4}
抛石护脚	15.00	1×10^{-14}	1.33×10^{4}
C20 墙面	15.00	1×10^{-9}	1.33×10^{4}
C25 混凝土基础	15.00	1×10^{-9}	1.33×10^{4}

材料强度参数 表 5-16

材　　料	干重度（kN/m^3）	剪切模量（kPa）	体积模量（kPa）	内聚力（kPa）	抗拉强度（kPa）	内摩擦角（°）	泊松比
墙后填土	18.00	1.50×10^{4}	3.30×10^{4}	0.7×10^{1}	0.00	32.00	0.3
强风化层	20.00	1.50×10^{4}	3.30×10^{4}	1.50×10^{4}	0.00	35.00	0.3
中风化层	25.60	6.15×10^{5}	9.47×10^{5}	1.50×10^{5}	0.00	36.00	0.3
抛石基床	19.00	3.10×10^{4}	6.70×10^{4}	0.00	0.00	45.00	0.2
抛石护脚	19.00	3.10×10^{4}	6.70×10^{4}	0.00	0.00	45.00	0.2
C20 墙面	24.00	1.22×10^{7}	1.43×10^{7}	1.20×10^{7}	1.60×10^{6}	0.00	0.17
C25 混凝土基础	25.00	1.22×10^{7}	1.43×10^{7}	1.20×10^{7}	1.60×10^{6}	0.00	0.17

土工筋带参数　　表 5-17

材　料	弹性模量 (kPa)	黏结力 (kPa)	厚度 (m)	横向刚度 (kPa/m)	摩擦角 (°)	泊松比
筋带	24.0	2.40	2.00×10^{-3}	5.00×10^{4}	30.00	0.33

动力计算有限差分离散模型如图 5-23 所示。

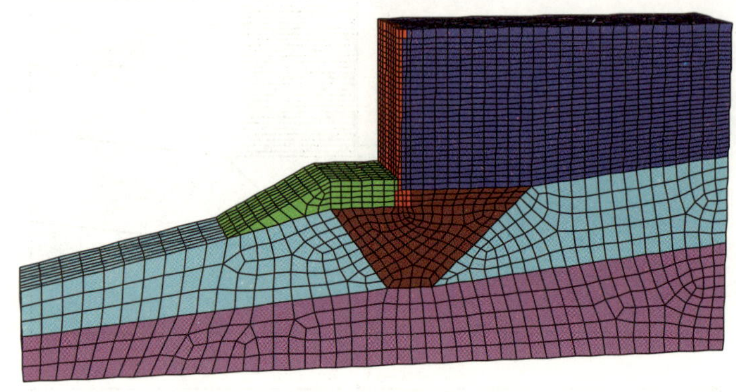

图 5-23　有限离散模型

5.5.2　地震作用下结构力学特性

在地震作用下的计算过程中，分别进行了静力作用和地震作用下墙面的横向变形分析，分析结果见图 5-24。由图可知，在不同地震烈度时，加筋土挡墙墙面的横向位移比静力作用下增加很多，而且随震级的增大而增大，且变形呈随墙高度的增加而增大的趋势。

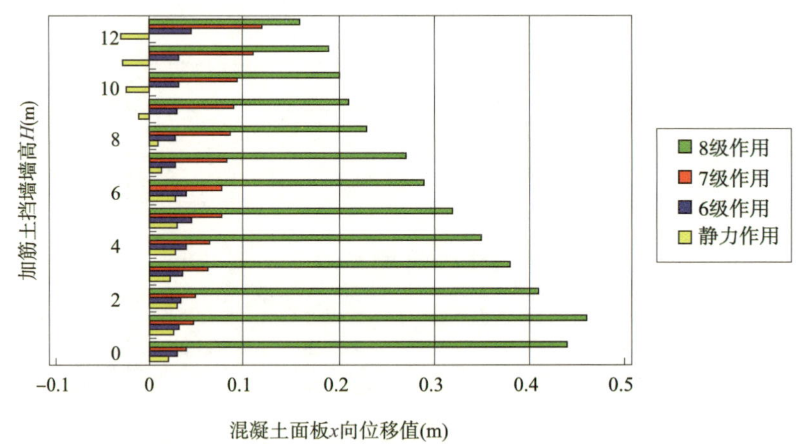

图 5-24 静力和不同震级作用下墙面横向位移值

根据建立的模型，分别计算了在静力、不同地震烈度作用下，加筋材料在面板处（L=0）、距面板 1m（L=1m）、3m（L=1m）、5m（L=1m）处各层加筋材料所受的拉力（图 5-25、图 5-26），并对不同震级下各层筋带拉力值（图 5-27 ~ 图 5-30）、变形值（图 5-31）进行了分析比较。

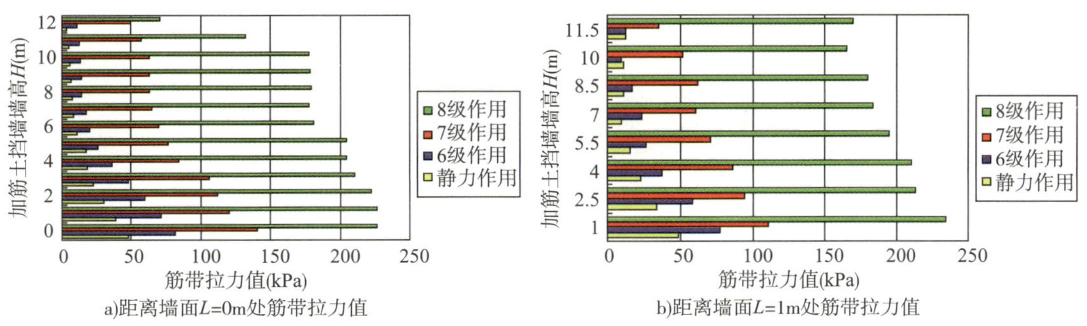

图 5-25 距离墙面 L=0m 和 L=1m 处筋带拉力值

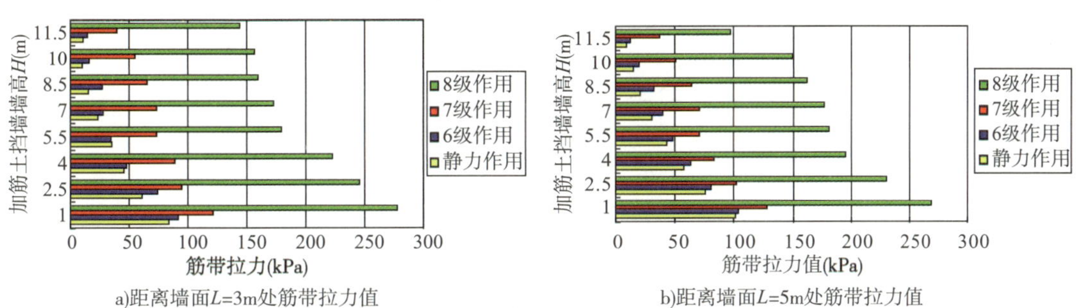

图 5-26 距离墙面 L=3m 和 L=5m 处筋带拉力值

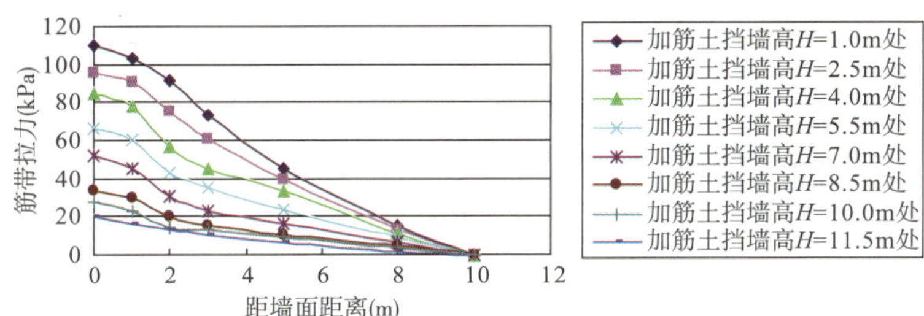

图 5-27 静力作用下各层筋带拉力值

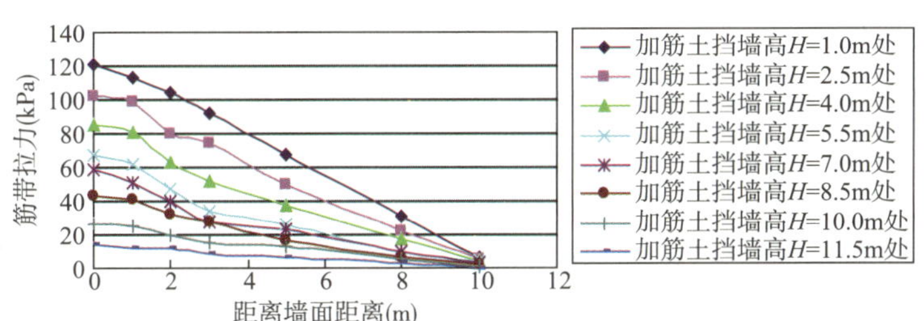

图 5-28 6 度下各层筋带拉力值

在地震荷载作用下，加筋土挡墙墙面的横向位移比静力作用下增加很多，而且随地震烈度的增大而增大，且变形呈随墙高度的增加而增大的趋势。在静力和不同地震烈度下，筋带拉力都呈现沿墙高减小的趋势，这与由朗肯土压力计算的拉筋最大拉力发生在墙体底部基本相符。而且随震级的增加，筋带拉力也逐渐增加，并随烈度的增加呈现出快速增加的趋势。

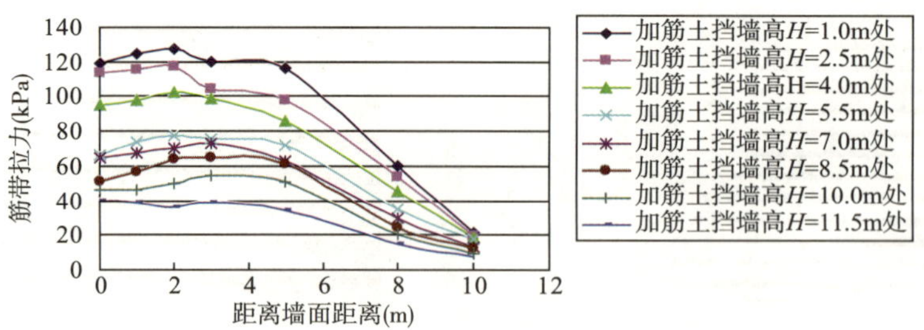

图 5-29　7 度下各层筋带拉力值

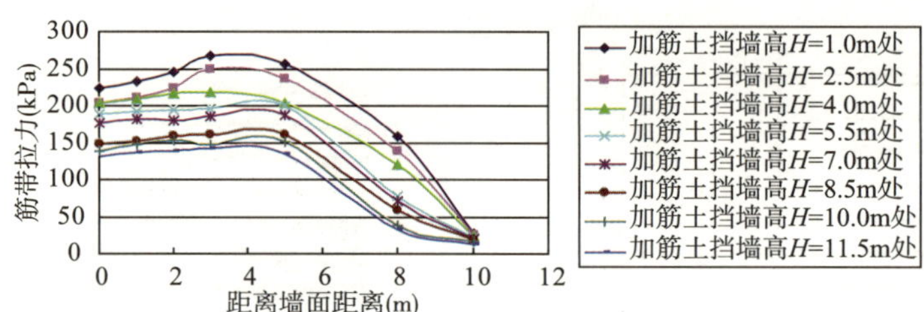

图 5-30　8 度下各层筋带拉力值

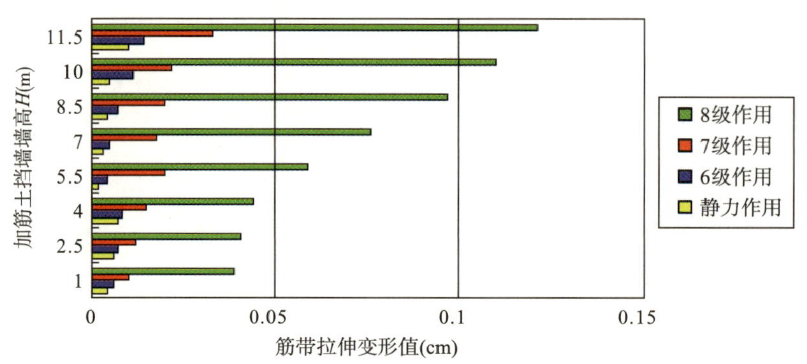

图 5-31　距离墙面 L=0m 处筋带拉伸变形值

由图 5-27 ~图 5-31 可知，静力和 6 度地震烈度时筋带最大拉力出现在墙面附近，7 度地震烈度时筋带最大拉力出现在距墙面 2 ~ 3m 附近，8 度地震烈度时筋带最大拉力出现在距墙面 5 ~ 6m 附近。整个加筋体中筋带拉力最大值出现在加筋体底部，并出现筋带拉力值沿墙面呈现下大上小的趋势。静力作用下，筋带拉力值在墙面处较大，在距离墙面 L=0m 处，筋带拉力为 0，各层拉力值相差比较大，这是因为在静力作用下，筋带拉力仅限于平衡自重作用下产生的土压力对墙面的推力，所以筋带拉力值相对较小；6 度地震烈度下，筋带拉力值比静力作用下筋带拉力值有所增加，但增加值不大，这是因为 6 度地震烈度下产生动土压力，所以对墙面产生的侧压力随之增大，筋带拉力值也增大；7 度地震烈度下，筋带拉力值显著增大，但最大值没有在 L=0m 处，而是在向远离墙面方向的区域发展，筋带拉力值增大原因与 6 度地震烈度下大致相同；8 度地震烈度下，各层筋带拉力值都增大很多，且在离墙面 5 ~ 6m 产生各层筋带的最大拉力值。在 7 度和 8 度地震烈度下，在距离墙面 L=10m 处筋带出现了拉力值。

在强震作用下，由于填土的振动密实和填土压缩变形，造成填土和墙面之间的差异沉降比较大，而且这种差异沉降可能随填土密度的降低和墙高的增加而增大。在强震作用下，挡墙上部土体和结构会产生比下部大的加速度，并且由于本书模型中加筋体底部距离模型底部约16m，这使得在强震作用下加筋体和墙面下方换填基床和原地质层之间发生较大差异沉降，从而使得上部墙体的筋带在墙面连接处发生了较大的拉伸变形。

5.5.3 加筋土挡墙码头结构抗震性能

（1）在地震荷载作用下，加筋土挡墙墙面的横向变形比静力作用下要大，烈度增大，位移呈较快增长，并在墙面呈下小上大的分布形态。

（2）在不同地震烈度下，筋带拉力沿墙面都呈现下大上小的分布形态。6度地震烈度下的筋带拉力比起静力作用下相差不大，7度地震烈度时增长50%左右，而8度地震烈度下的筋带拉力几乎是7度时的2倍。可见，随烈度的增加，筋带拉力也逐渐增加。

（3）在不同地震烈度区，各层筋带最大拉力值均出现在距离墙面一定距离的位置，且整个加筋体中筋带拉力最大值出现在加筋体底部。

（4）随地震烈度的增加，加筋土挡墙墙体和后方填土的屈服单元也逐渐增加，至8度地震烈度时，大部分单元都表现出屈服状态。且随烈度的增加，加筋土挡墙的潜在破裂面向离墙面较远的区域发展，说明地震烈度越大发生破坏的范围越大。

6 西部内河码头结构抗震措施及实例分析

6.1 框架（架空直立式或框架墩式）码头结构抗震薄弱环节与应对措施

（1）在结构形式设计上，桩基框架结构或独立墩式框架结构薄弱环节。

①在进行码头结构形式设计时，纵向联系结构和码头某一特定的固有频率是抗震的薄弱环节。目前对西部内河架空直立式码头的设计很少考虑纵向联系撑的作用，因此在进行码头设计时应根据横向排架桩基间距与纵向排架间距的关系，参照横向联系撑的几何尺寸，对纵向联系撑几何尺寸适当加大，纵向联系撑的几何尺寸不宜小于横向联系撑的几何尺寸。

同时，码头结构形式尽量使桩基纵横向间距相等。对于码头结构缝，建议选择端头支座搭接结构。

②码头桩基在地震时的受力特性有所变化，加之码头基岩裸露、基岩陡且岩层走向顺河或覆盖层厚的地质特点，导致桩基成为地震时的薄弱环节。

对于码头基岩裸露、基岩陡且岩层走向顺河的码头桩基，需要分析基岩顺层对桩基的影响，建立基岩节理面与桩基直径的关系，加大襟边宽度和加深基岩嵌固深度，桩基在基岩段的箍筋加密等措施。

（2）钢筋混凝土桩在非液化土中以剪压破坏为主。液化土中的桩如深入非液化土中足够长，则以弯曲破坏为主。具体有：

①钢管桩的破坏主要是由于地基土体液化而导致桩基结构水平位移过大整体破坏，压屈者情况较少。

② AC 桩、PHC 桩、PC 桩、灌注桩等类型的混凝土桩易压坏，而钢桩及一般实心钢筋混凝土桩则抗压性能较好。

③压坏事例中压屈（失稳）者极少，主要为水平摆动时引起的压坏。

④液化土中桩的破坏形式多样且涉及液化有无侧向扩展等情况，尚须作深入分析。

⑤上部结构损害最主要的是倾斜与不均匀下沉。

钢筋混凝土桩在非液化地基上桩震害的主要原因是：

①地震力引起的破坏，受害部位主要在桩头和承台连接处及承台下的桩身上部，因压拉、压剪等导致破坏。

②地震力引起软土摩阻力下降使桩过度下沉，或软硬土层界面的弯剪应力使桩身破坏。

③土的变位引起破坏，如挡土墙后土楔滑动、土坡失稳、附近地面荷载下地基失稳等波及建筑下的桩基，使桩身弯矩增大，引起桩头、桩身中部的破坏或形成塑性铰。

（3）造成液化但无侧向扩展地基上桩破坏的主要表现是：在液化层与非液化层交界面这种刚性突变处，桩身均有全断面的水平裂缝，其原因需要具体分析。

液化侧向扩展地基上桩的震害及其原因主要是：

①桩身在液化层底和液化层中部的剪切或弯曲破坏，这主要是由流动的土体对桩的侧向压力所致。

②桩顶嵌固的破坏。

③上部结构因桩身折断而产生不同程度的不均匀沉降。

对高层建筑则因重心处水平位移大，产生较大的附加弯矩，使内陆侧的边桩受到拉力，从而减轻震害，可能使边桩只有一个塑性铰。

根据以上分析，桩基框架结构码头破坏改进措施有：

①改善构件延性，其途径主要有：

A. 控制构件的破坏形态。结构延性和耗能的大小，决定于构件的破坏形态及其塑化过程。弯曲构件的延性远远大于剪切构件的延性；构件弯曲屈服至破坏所消耗的地震输入能量，也远远高于构件剪切破坏所消耗的能量。因此进行工程抗震设计时，应在计算和构造方面采取措施，力争避免构件的剪切破坏，争取更多的构件实现弯曲破坏。

B. 减小杆件轴压比。就框架体系而论，柱的延性对于耗散输入的地震能量、防止框架的倒塌，起着十分重要的作用。

C. 高强混凝土的应用：为了保证框架柱具有良好的延性，降低轴压比，宜采用高强混凝土。不过设计中还应该注意，采用高强混凝土时，应适当降低剪压比。

D. 钢纤维混凝土的应用：利用这种新型材料的良好抗震延性、抗冲击韧性和较高的抗拉、抗裂和抗剪强度来满足抗震需要。

E. 型钢混凝土的应用：对于应力分布复杂、剪力大、延性差的关键构件，可通过采用型钢和混凝土等新型组合结构来满足抗剪及延性的要求。

②同时，加强结构的整体性。结构的整体性是保证结构各部件在地震作用下协调工作的必要条件。故此需要加强构件间的连接，使之能满足传递地震力时的强度要求和适应地震时大变形的延性要求。构件连接不破坏、不失效，整个结构就能始终保持其整体性。

6.2　架空斜坡道码头结构抗震薄弱环节与应对措施

架空斜坡道下部框架结构的抗震薄弱环节和抗震措施与框架码头基本相同，不同的薄弱环节和处理措施主要是：与桥梁结构类似，架空斜坡道码头纵梁支座是抗震设计的薄弱环节。对桥梁结构这类问题的处理，有非常成熟的处理措施，在进行码头设计时可借鉴这类处理措施，具体包括设置防震挡块、防震支座等。

6.3 桥吊码头结构抗震薄弱环节与应对措施

桥吊码头下部框架结构的抗震薄弱环节和抗震措施与框架码头基本相同，其特殊的抗震薄弱环节和措施有：与桥梁结构类似，桥吊码头箱梁支座是抗震设计的薄弱环节，对这类问题的处理，桥梁结构有非常成熟的处理方案。

6.4 重力式码头抗震薄弱环节与应对措施

对于分单级直立和多级的直立式重力式码头在地震作用下挡墙结构和地基基础的力学特性分析表明，内河重力式码头绝大部分地基位于稳定的微分化基岩内，这类结构的抗震性能较好。

6.4.1 部分地基基础为土体的重力式挡墙薄弱环节与应对措施

对于部分地基基础为土体的重力式挡墙，挡土墙可能出现以下三种破坏形式：

（1）在地震过程中地基承载力会下降，挡土墙出现沉降。

（2）当地震加速度的方向指向填土时，挡土墙所受到的水平合力超过了地基的可能最大摩擦阻力，系统就会出现平移破坏。

（3）这些力的变化也会引起力矩的变化，从而导致转动破坏。

对于这类问题，可采用全部消除地基液化沉降的措施，这些措施应符合以下规定：

（1）采用桩基时，桩端深入液化深度以下稳定土层中的长度，应按计算确定。

（2）采用重力式基础，基础底面应埋入液化深度以下的稳定土层中，其深度不应小于 1m。

（3）采用加密法（如振冲、振动加密、挤密碎石桩、强夯等）加固时，应处治至液化深度下界，且处理后复合地基的标准贯入度不小于标准贯入试验判别法所确定的液化判读标准贯入锤击数临界值。

（4）用非液化土代替全部液化土。

（5）采用加密法或换填法处治时，在基础边缘以外的处理宽带，应超过基础底面下处理深度的 1/2 且不小于基础宽度的 1/5。

6.4.2 加筋土挡墙码头抗震设计时的薄弱环节和应对措施

对于加筋土挡墙码头抗震设计时的薄弱环节和应对措施主要有：

（1）码头面板与筋带连接处是抗震的薄弱环节。地震时由于面板刚度与土体填料刚度的差异，筋带与面板连接处的筋带拉力很大，筋带容易断裂。在进行这类结构的抗震设计时，应加大这些部位的筋带强度，筋带数量也应增加。

（2）挡墙基础对加筋挡墙影响很大，是抗震的薄弱环节。设计时，挡墙面板下条形基础几何尺寸需适当加大，不应小于底层筋带最大拉力出现的位置。

(3) 传统观念认为加筋挡墙具有很好的抗震性能，但是分析表明，地震烈度每增加一度，筋带拉力会显著变大，因此在进行抗震设计时，对筋带需考虑更大的安全系数。

6.5　内河码头结构抗震应对措施实际工程应用

6.5.1　工程概况

宜宾港位于金沙江、岷江和长江汇合处，地处万里长江之首，有“万里长江第一港”之称，是四川乃至金沙江、岷江流域利用长江“黄金水道”“借江出海”的主要港口，是沟通东西、连接南北物流、人流等的战略转换要地，是四川省重要港口之一。

宜宾港是交通运输部规划建设的长江枢纽港口之一，目前，宜宾港共规划了翠柏港区、南溪港区、江安港区和新市港区 4 个港区 11 个作业区，规划港口可利用岸线 75 700m 及其陆域，规划到 2030 年宜宾港集装箱吞吐能力达 400 万 TEU。其中宜宾港志城作业区为四川省最大作业区，宜宾港志城作业区建成后，将发展成为以内外贸集装箱、能源、原材料和工业产品运输服务为主，多式联运、现代物流、临港工业协调发展的西部现代化综合港口，必将为宜宾构建川滇黔接合部综合交通枢纽、四川构建西部综合交通枢纽提供更强有力的支撑。

宜宾港志城作业区是 2008 年四川省 50 项重大项目之一，共规划建设 27 个泊位，其中多用途泊位 20 个、滚装泊位 3 个、重大件泊位 1 个、散货泊位 3 个，达到集装箱 300 万 TEU、滚装 30 万辆、重大件 33 万 t、散货 630 万 t 的设计年通过能力。

一期工程共新建 5 个 1000 吨级泊位，包括 4 个多用途泊位、1 个滚装泊位。于 2008 年开工建设，2010 年建成并投入使用，设计年通过能力为 21.5 万 TEU、190 万 t 和重载汽车 10 万辆，工程总投资 13 亿元。

重大件泊位于 2014 年 10 月建成运营，是目前长江上游最大单机起吊能力的工程，共设 4 个吊钩，单钩可起吊 250t，最大起吊能力 1 000t。

为充分发挥志城作业区在腹地经济发展中的促进和支撑作用，经调整，在规划作业区下游拟新建 3 个散货泊位，目前已进入施工图阶段，即将开工建设，工程总投资 9.1 亿元。其余泊位将分期陆续建设，规划于 2030 年全部建成。

志成作业区一期工程集装箱码头采用架空直立式框架结构，码头排架共计布置 4 排桩基，河侧和岸侧桩基直径分别为 2.0m 和 1.8m，其他桩基直径均为 1.6m，桩基间距 8m，进入中分化基岩不小于 3.5m。共计 56 榀排架，总长 55 × 8m，1000 吨级多用途（集装箱）泊位 3 个。码头结构图详见图 6-1 ～图 6-3。码头按 6 度抗震要求设计。

6.5.2　抗震性能分析

按照前面码头结构抗震性能分析方法，对此码头结构进行了模态分析；根据汶川地震监测到的各地地震波动数据进行反应谱分析以及多点激振分析。

根据相关资料，汶川地震监测到的各地地震波动数据如图 6-4 ～图 6-7 所示。

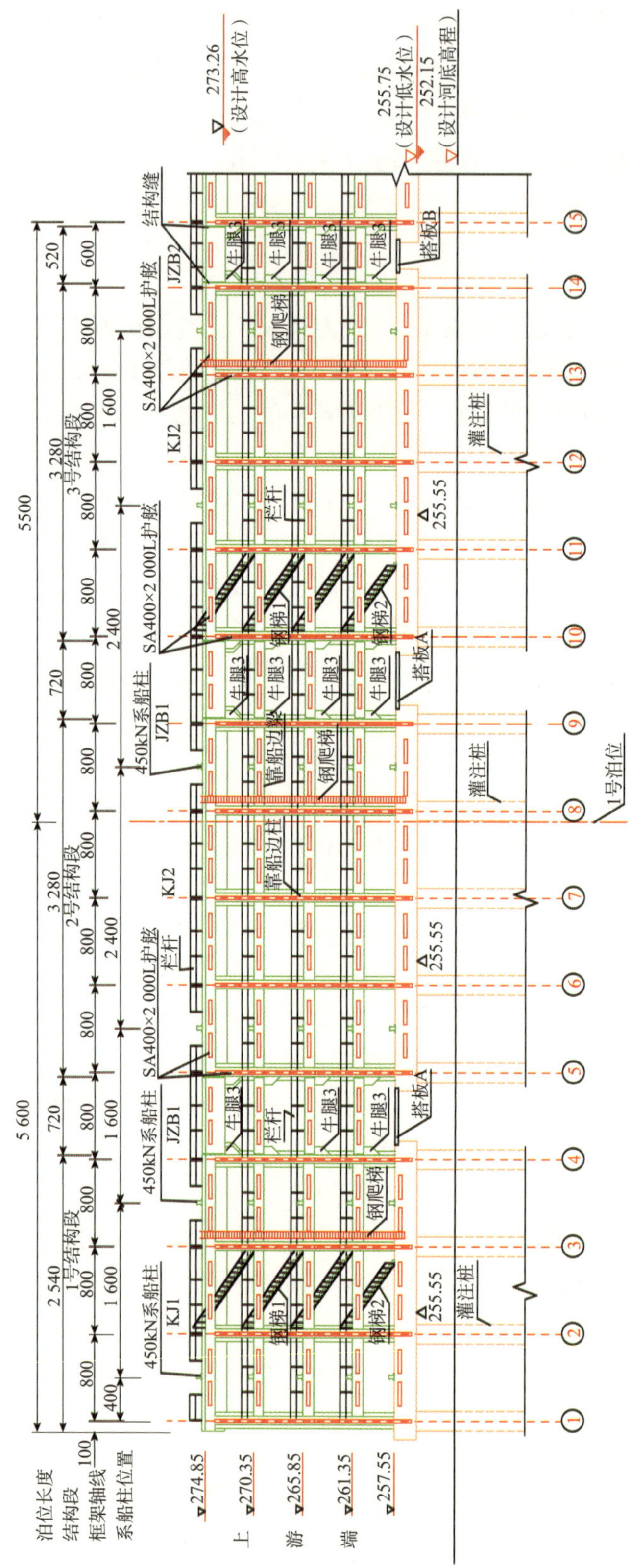

图 6-1 码头立面展开图（尺寸单位：cm；高程单位：m）

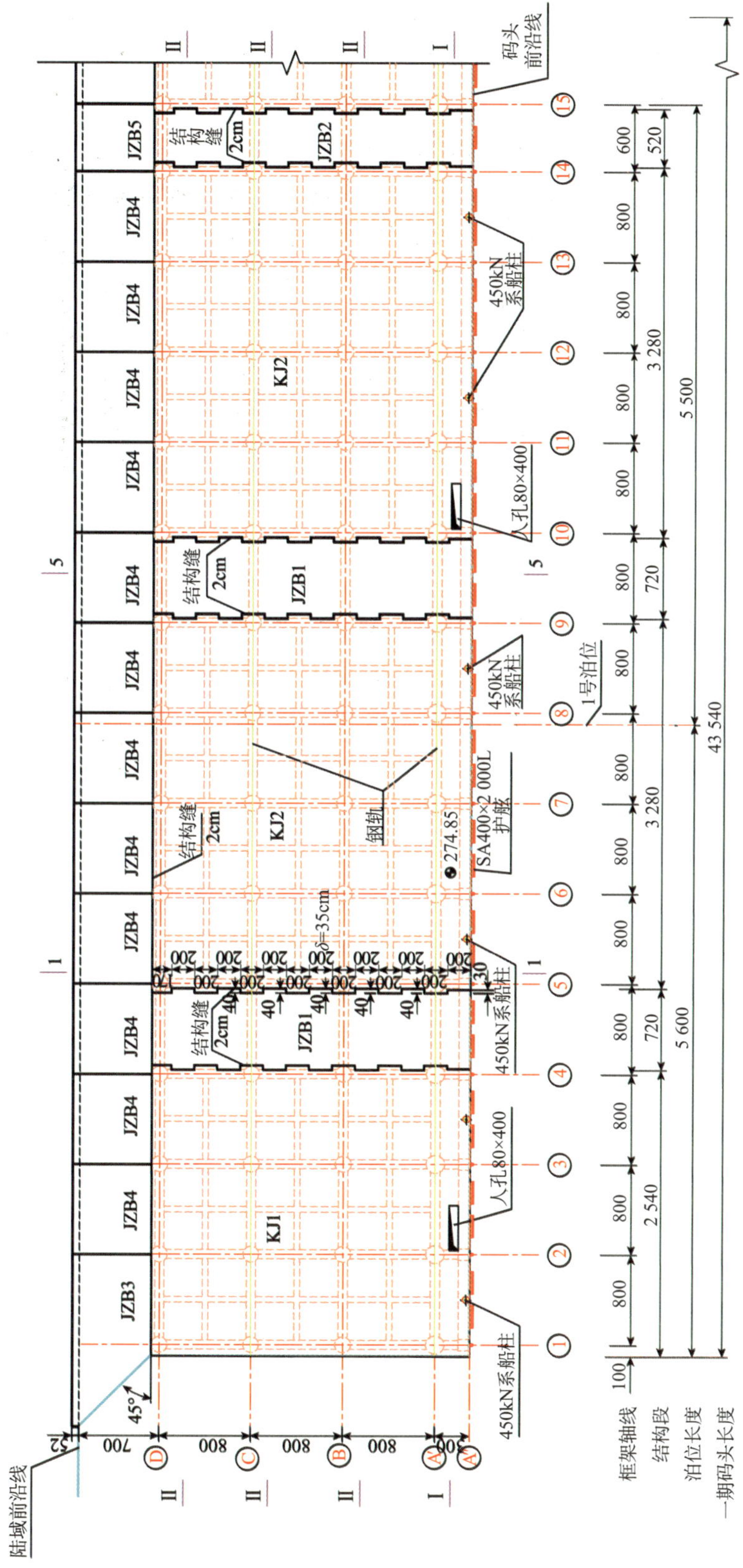

图 6-2 码头结构平面图（尺寸单位：cm）

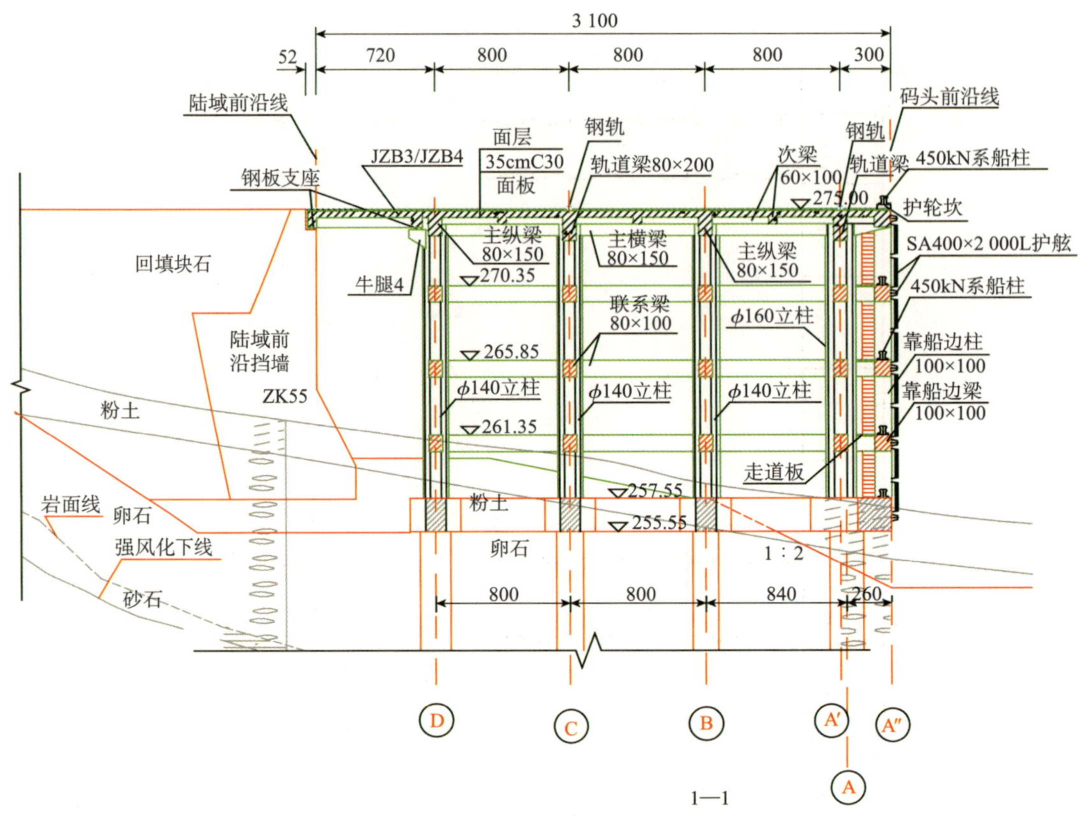

图 6–3　码头结构断面图（尺寸单位：cm）

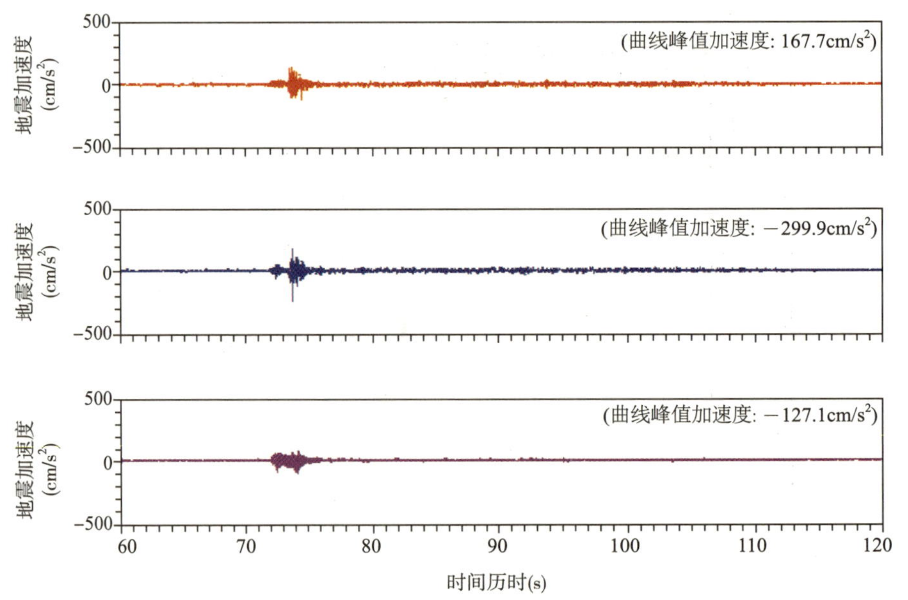

图 6–4　四川九寨章扎台（震中距 259km）

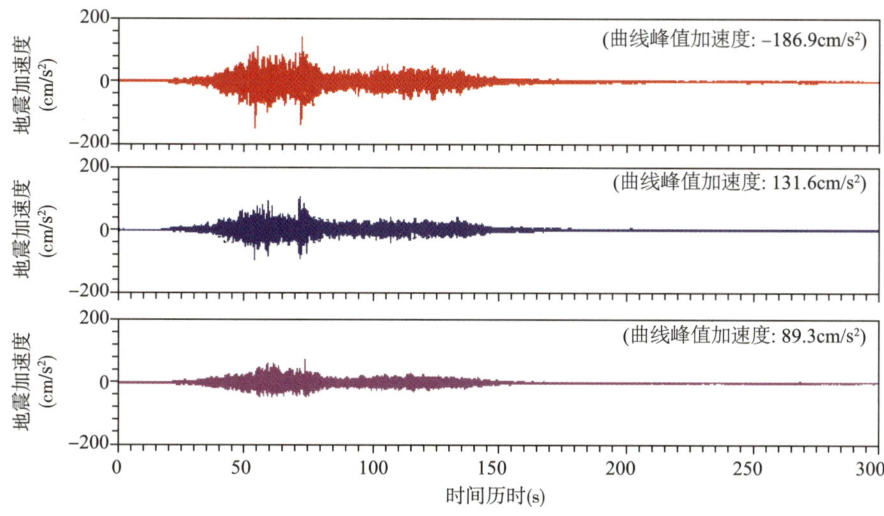

图 6–5　四川松潘安宏台（震中距 168km）

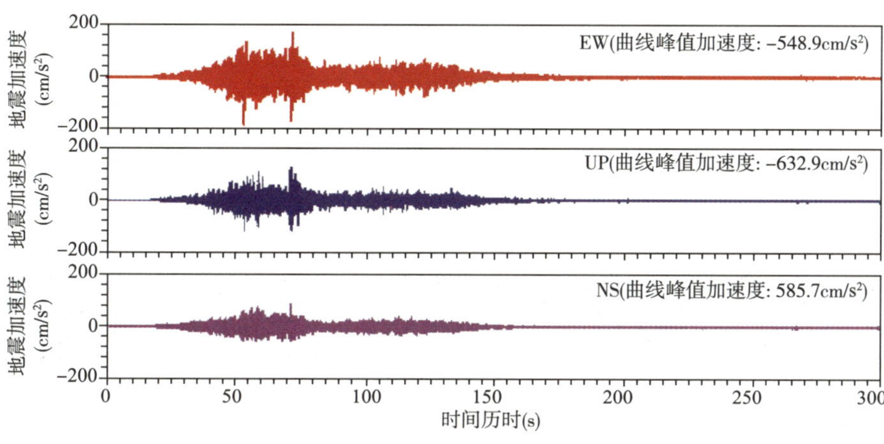

图 6–6　四川什邡市八角镇

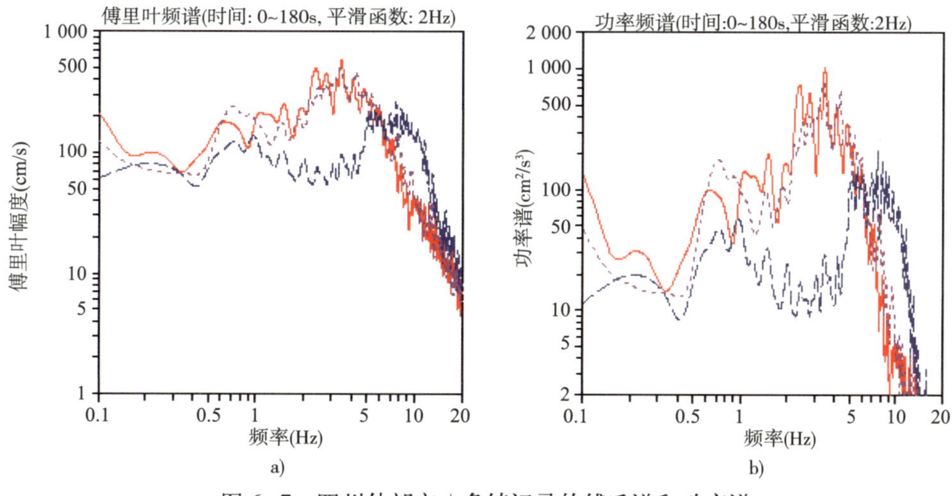

图 6–7　四川什邡市八角镇记录的傅氏谱和功率谱

根据图 6–4 ~图 6–7，并结合《中国地震动参数区划图》(GB 18306–2015)，选用该码头区地震动峰值加速度为 0.05m/s²，地震动反应谱特征周期为 0.35s，根据该标准附录 D 关于地震基本烈度向地震动参数过渡的说明，码头区地震动参数对应的地震基本烈度为Ⅵ度。

结合以上分析，参照《水运工程抗震设计规范》(JTS 146—2012)，对该码头进行分析时所采用的反应谱曲线加速度时程曲线，如图 6–8、图 6–9 所示。

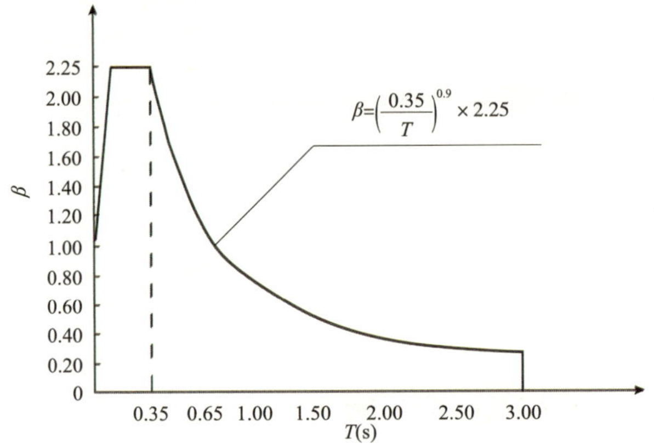

图 6–8　港区设计反应谱曲线

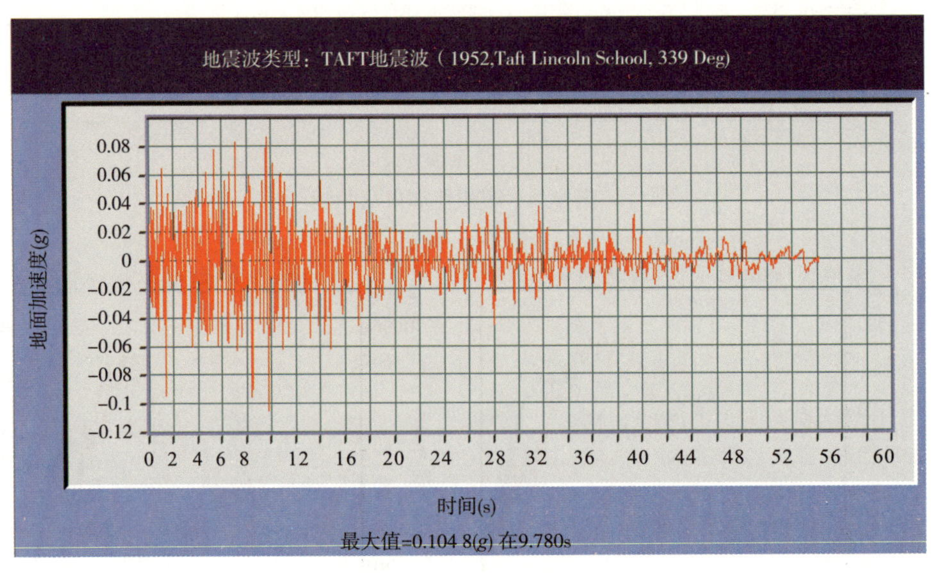

图 6–9　加速度时程曲线

进行反应谱分析时所采用的反应谱曲线如图 6–8 所示，进行多点激振分析时所采用的加速度时程曲线如图 6–9 所示。

志诚作业区一期工程集装箱码头结构有限元分析模型如图 6–10 所示。

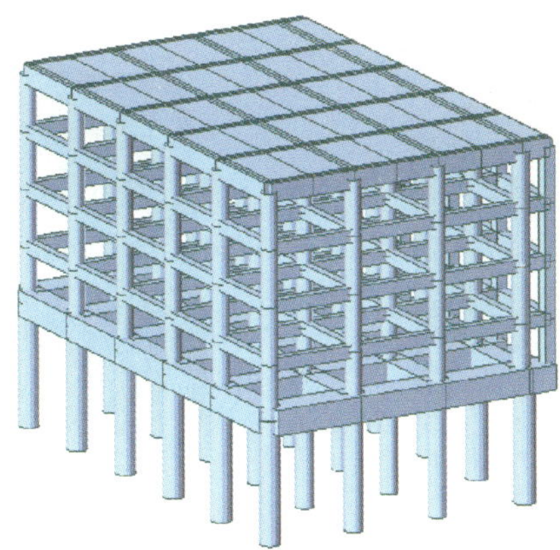

图 6-10 志诚作业区一期工程集装箱码头结构有限元分析模型

通过模态计算分析，各阶模态的频率和周期及各阶模态的参与质量见表 6-1 和表 6-2，各级模态的振型图见图 6-11 ～图 6-16。

各阶模态的频率和周期 表 6-1

模 态	频率 ω（rad/s）	频率 f（周 /s）	周期 T（s）	容许误差
1	13.025 233	2.073 03	0.482 386	1.68×10^{-16}
2	13.715 903	2.182 954	0.458 095	1.51×10^{-16}
3	14.836 237	2.361 261	0.423 503	1.42×10^{-15}
4	32.008 921	5.094 378	0.196 295	1.33×10^{-15}
5	32.246 837	5.132 244	0.194 847	2.19×10^{-16}
6	35.653 296	5.674 398	0.176 23	5.37×10^{-16}
7	47.637 094	7.581 679	0.131 897	1.00×10^{-15}
8	53.040 024	8.441 582	0.118 461	1.62×10^{-15}
9	62.967 746	10.021 628	0.099 784	3.44×10^{-16}
10	64.888 069	10.327 257	0.096 831	1.30×10^{-15}

各阶模态的参与质量 表 6-2

模态	TRAN-X		TRAN-Y		TRAN-Z		ROTN-X		ROTN-Y		ROTN-Z	
	质量参数（%）	合计（%）	质量参数（%）	合计（%）	质量参数（%）	合计（%）	质量参数（%）	合计（%）	质量参数（%）	合计（%）	质量参数（%）	合计（%）
1	79.79	79.79	0.01	0.01	0	0	0	0	0	0	0	0
2	0.03	79.81	83.42	83.43	0	0	0	0	0	0	0	0
3	1.87	81.69	0.18	83.61	0	0	0	0	0	0	0	0
4	10.07	91.76	6.33	89.94	0	0	0	0	0	0	0	0
5	7.5	99.27	9.38	99.32	0	0	0	0	0	0	0	0
6	0.45	99.71	0.43	99.75	0	0.01	0	0	0	0	0	0
7	0.01	99.72	0	99.75	0	0.01	0	0	0	0	0	0
8	0.05	99.77	0	99.75	0	0.01	0	0	0	0	0	0
9	0	99.77	0.02	99.77	0	0.01	0	0	0	0	0	0
10	0	99.77	0	99.77	0	0.01	0	0	0	0	0	0

图 6-11　第 1 阶振型（整体纵向振动）

图 6-12　第 2 阶振型图（整体横向振动）

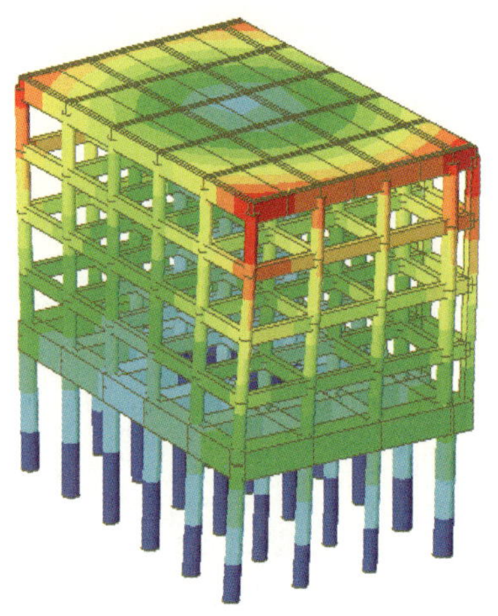

图 6-13　第 3 阶振型图（整体水平面内扭转振动）

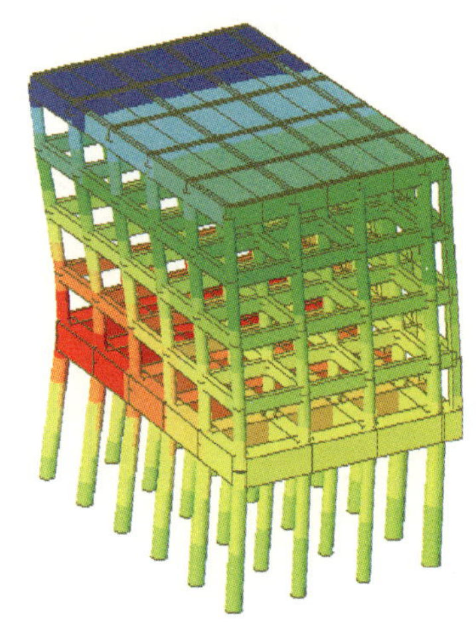

图 6-14　第 4 阶振型图（中部纵向振动）

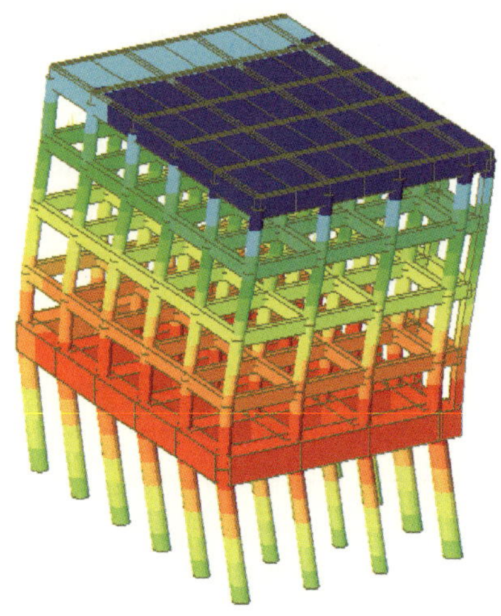

图 6-15　第 5 阶振型图（下部结构中部横向振动）

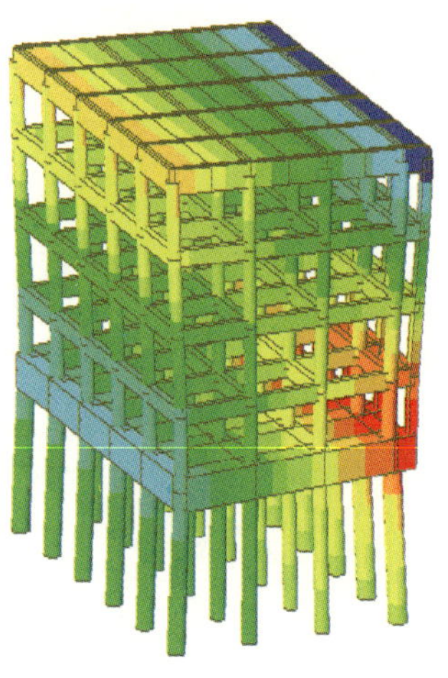

图 6-16　第 6 阶振型图（下部结构中部以结构内纵向竖平面为对称面作对称振动）

根据《水运工程抗震设计规范》(JTS 146—2012)进行荷载组合，以纵向、横向和与河岸成45° 三个方向分别施加水平激励，得到表6–3的分析结果。

三种方向激励结构内力和位移对比表 表6–3

振动方向	位移 (mm)	轴力 (kN)	绕 Y 轴弯矩 (kN · m)	绕 Z 轴弯矩 (kN · m)	Y 方向剪力 (kN)	Z 方向剪力 (kN)
顺河方向激励	2.525 67	7 971.58	3 677.66	385.162	79.155 5	5 326.20
横向激励	2.449 19	7 970.02	3 672.12	690.555	135.923	5 325.57
45° 方向激励	2.486 12	7 970.87	3 676.22	499.914	99.184	5 325.84

根据表6–3中的数据分析，可知：

(1) 顺河方向振动时的位移最大，横向振动最小，在45° 方向振动的大小于前两者之间。从轴力方面来看，同样是顺河方向振动时轴力最大，45° 方向振动时的轴力大小介于顺河方向与横向振动大小之间。

(2) 三个方向激励时，绕 Y 轴的弯矩相差不大，顺河方向激励时弯矩最大，横向激励时弯矩最小。顺河方向激励和横向激励相差为：

$$\beta=\frac{3\ 677.66-3\ 672.12}{3\ 677.66}\times 100\%=0.151\%$$

由上式可知，这两个方向相差非常小，所以设计刚度横向和纵向相差不大。Z 轴的弯矩在横向激励时最大，与 Y 轴的弯矩几乎是它的5倍，故 Y 轴弯矩占主导地位。

(3) 从剪力方面来看，Z 方向的剪力几乎是 Y 方向剪力的5倍以上，所以我们只考虑 Z 轴的剪力。顺河方向激励时 Z 轴剪力最大，横向激励时 Z 轴剪力最小，相差为：

$$\beta=\frac{5\ 326.57-5\ 326.20}{5\ 326.57}\times 100\%=0.007\%$$

由上式可知，顺河方向和横向激励时 Z 方向的剪力相差很小。

以上说明结构在纵向和横向的刚度差别不大，顺河向刚度较小，横向刚度较大。从抗震的角度来看，应该降低横向刚度，但是这样会增大结构受其他动荷载作用时的位移，由于地震属于偶然荷载，而船舶撞击力属于可变荷载，因此，不应降低横向刚度。

此外，多点激震分析计算结果表明：

(1) 多点激励从位移上来看，顺河方向的激励对位移产生的影响在 X 方向起主导作用，Y、Z 方向位移相对小得多。横向激励时在 Y 方向的影响起主导作用，X、Z 方向的影响小得多。两个方向激励时，在 X、Y 方向的位移相差不大。

(2) 多点激励对集装箱码头的扭转影响非常小，几乎可以不考虑。

(3) 多点激励顺河方向激励在 X 方向的轴力比横向激励在 X 方向的影响大。

(4) 顺河方向激励时 X、Y 方向的弯矩比横向激励时 X、Y 方向的弯矩大得多，设计时需加大这两个方向的刚度，但是在 X 方向总的大小较小，所以只需加大 Y 方向的刚度。在横向激励时，绕 Z 轴的弯矩比顺河激励时的弯矩大，所以在设计时，弯矩以顺河方向为主，同时考虑横向绕 Z 轴的刚度。

6.5.3 宜宾港志成作业区码头结构抗震设计关键技术

单点激震分析表明，志成码头在设计上充分考虑的地震荷载对结构内力的影响，具体表现在：

（1）底层横向联系梁剪力较大，结构在该处加大了结构断面面积，增加了结构的整体刚度。

（2）计算表明，结构轴力较大，最大轴力在码头前排桩基，为此码头设计将前排桩基加大到 2m 直径，以适应抗震要求。

（3）为增加码头刚度，志成码头将面板和纵向联系梁形成整体，达到了提高抗震性能的目的。

（4）志成码头前沿和后方采用悬臂搭接构件，抗震分析表明，这些构件在地震时将承受较大的内力，设计时需要加强这些构件。

多点激震分析也表明，志成码头设计上充分考虑的地震荷载对结构内力的影响，具体表现在：

（1）码头结构位移和转动较小，表明结构抗震性能较好。

（2）与单点激震对比，码头轴力和剪力变化不大，表明结构抗震性能较好。

（3）桩基顶端与底层连系梁直径的弯矩较大，虽然码头考虑了底层系梁的结合尺寸的加大，但是依然需要注意节点连接的刚度。

6.5.4 宜宾港志成作业区码头结构抗震设计改进措施

（1）桩基顶与底层连系梁之间的刚性连接。对此需要考虑将桩基钢筋深入底层系梁，并保证两者之间的连接；同时注意底层连系梁与立柱之间的连接，根据分析结果建议在底层连系梁与底层立柱之间增设倒角，以提高节点刚度。

（2）码头后方挡墙与码头结构之间距离太近，地震时码头挡墙引起的荷载会影响到码头结构。

（3）码头采用了悬臂和搭板结构，故而对支座和悬臂末端的设计宜适当加强。

7 内河码头抗震措施设计施工

7.1 概述

内河码头建设面临着大变幅、快流速的水位条件以及岩土交错的复杂地质条件，码头抗震措施及其设计十分重要。针对我国西部内河大落差码头的设计与施工的实际情况，一般情况下设计烈度为 6 ～ 9 度的内河码头抗震需要设计具体措施[当设计烈度为 6 度时，可不进行抗震计算，但建筑物应按《水运工程抗震设计规范》(JTS 146−2012）适当采取抗震构造措施]。对抗震设计烈度高于 9 度的码头水工建筑物，对其抗震设计应作专门的研究论证。一般对临时性建筑物可不进行抗震设计。

在进行抗震设计时，一般采用《中国地震动参数区划图》(GB 18306—2015）确定的基本烈度为设计烈度，同时还需参照建议的西部地区内河码头的烈度分布。对次生灾害严重或特别重要的码头水工建筑物以及高烈度区，应作危险性分析，并采用高于或低于基本烈度作为设计烈度。施工期可不考虑地震作用。

7.2 设计主要参数说明

A——墩或柱截面面积；

B——计算方向墩身最大宽度；

b_i——第 i 土条的宽度；

C——综合影响系数；

c_n——第 n 层黏性土的黏聚力；

C_1——圆柱和方柱的附加质量系数；

C_2——矩形墩的形状系数；

D_1——垂直于计算方向的墩截面边长；

D_2——平行于计算方向的墩截面边长；

d_{ov}——场地覆盖层厚度；

d_s——饱和土标准贯入点深度；

d_w——地下水位深度；

E——桩材料弹性模量；

E_H——计算面以上水平向地震主动土压力标准值；

E_V——计算面以上竖向地震主动土压力标准值；

e_{n1}——作用在墙背上第 n 层土顶面处的单位面积上的土压力强度；

e_{n2}——作用在墙背上第 n 层土底面处的单位面积上的土压力强度；

f——沿计算面的摩擦系数设计值；

f_k——地基土静承载力标准值；

f_t——钢材强度设计值；

G——永久作用标准值；

g——重力加速度；

H——质点系的总计算高度；

H_i——质点 i 的计算高度；

h_i——第 i 土层的厚度；

I——桩截面惯性矩；

I_N——土的抗液化指数；

K_{an}——第 n 层土的主动土压力系数；

K_H——水平向地震系数；

K_{pn}——第 n 层土的被动土压力系数；

K_v——竖向地震系数；

L_N——桩的平均计算受压长度；

L_M——桩的平均计算受弯长度；

M_C——土中黏粒含量百分数；

M_i——集中在质点 i 的质量；

N_{cr}——液化判别标准锤击数临界值；

N_0——液化判别标准锤击数基准值；

$N_{63.5}$——未经杆长修正的饱和土标准贯入锤击数实测值；

P_D——地震动水压力合力标准值；

P_H——水平向地震惯性力标准值；

P_V——竖向地震惯性力标准值；

P_Z——作用在直墙式建筑物上深度范围内的地震总动水压力标准值；

P_Z——水面以下深度处的地震动水压力强度；

Q_{ik}——第 i 个可变作用标准值；

q——地面上的均布荷载标准值；

R_E——地基土抗震承载力设计值；

R_H——拉杆拉力水平分力的标准值；

S——结构构件作用效应设计值；

T——计算方向结构自振周期；

T_1——墩的第一自振周期；

V_s——土层剪切波速；

V_{sm}——土层加权平均剪切波速；

W_i——第 i 土条的重力标准值；

W_z——每米宽钢板桩的弹性抵抗矩；

$x_1(i)$——第一振型质点 i（或第 i 分段重心处）的相对水平位移；

y_i——第 i 土条重心至滑弧圆心的竖向距离；

Z——计算点至水面的距离；

γ_0——结构重要性系数；

γ_1——第一振型参与系数；

γ_{EQ}——综合分项系数；

γ_{EW}——剩余水压力分项系数；

γ_G——永久作用分项系数；

γ_{PD}——地震动水压力分项系数；

γ_{PH}——水平向地震惯性力分项系数；

γ_{PV}——竖向地震惯性力分项系数；

γ_{Qi}——第 i 项可变作用分项系数；

γ_{RE}——抗震调整系数；

δ_n——第 n 层土与墙背间的摩擦角；

δ_h——地震时黏性土负值计算深度系数；

θ——计算地震土压力的地震角；

η——动水压力折减系数；

η_s——地基土抗震承载力设计值提高系数；

ξ——计算岸坡稳定分布系数；

ψ——地震时作用组合系数。

7.3 抗震设计原则

在进行码头建设前，需要进行工程地质、水文地质和地震活动的调查研究和勘测工作，按照场地土、地质构造和地形地貌条件评估是否适合码头建设。一般情况下，码头可以建设地区及其邻近地区无晚近期活动性断裂，地质构造相对稳定，同时地基为比较完整的岩体和密实土层，岸坡稳定条件较好。如果建设地区地质构造复杂，有晚近期活动性断裂，有可能伴随强震产生地震断裂，地震时可能产生大滑坡、崩塌、地陷等，威胁建筑物安全而又难以处理等情况，因此建设码头需要慎重。如果码头建设地区地基主要持力层范围有可液化土层、软土层或严重不均匀土层时，应考虑其对结构的不利影响，并应采取必要的措施。

码头结构平面和立面布置尽量规则和对称，超静定次数尽量多，质量和刚度分布均匀，尽量降低建筑物重心位置，且应具有明确的计算简图和简捷、合理的地震作用传递路线。结构构件及其连接需要符合下列要求：

（1）钢筋混凝土构件尺寸应合理选择，配置钢筋，增加延性，避免剪切先于弯曲破坏和钢筋锚固黏结先于构件破坏。

（2）结构各构件之间的连接节点，其承载力不应低于连接构件的承载力。

（3）对于一些薄弱部位，需要重点设计，如建筑物端部或转角部位。

（4）装配式结构应采取加强整体连接的措施。在进行结构设计时，还应考虑便于进行震后检修。

（5）施工时，对抗震设计中关键部位的主要钢筋，不宜用比原设计延性差的钢筋代替。

码头设计抗震荷载按所在地区抗震设防烈度响应的设计基本地震加速度和反应谱特性周期，并结合码头的重要系数来综合确定。地震工况组合包括各种效应的最不利地震反应分析时，采用的计算模型必须能够真实模拟码头结构的刚度和质量分布及边界连接条件。

7.4 抗震的场地条件

场地类别根据场地土类型和场地覆盖层厚度按表 7–1 划分为四类。其中场地土类型是根据地面以下 15m 范围或厚度小于 15m 的场地覆盖层范围内各土层的剪切波速确定的，见表 7–2。场地覆盖层厚度根据地面至剪切波速大于 500m/s 的土层或坚硬土顶面的距离确定。

场地类别划分 表 7–1

<table>
<tr><th rowspan="2">场地土类型</th><th colspan="5">场地覆盖层厚度 d_{ov}（m）</th></tr>
<tr><th>$d_{ov}=0$</th><th>$0 < d_{ov} \leqslant 3$</th><th>$6 < d_{ov} \leqslant 9$</th><th>$9 < d_{ov} \leqslant 80$</th><th>$80 < d_{ov}$</th></tr>
<tr><td>坚硬场地土</td><td>Ⅰ</td><td colspan="4">—</td></tr>
<tr><td>中硬场地土</td><td rowspan="3">—</td><td colspan="2">—</td><td colspan="2">Ⅱ</td></tr>
<tr><td>中软场地土</td><td>Ⅰ</td><td colspan="2">Ⅱ</td><td>Ⅲ</td></tr>
<tr><td>软弱场地土</td><td>Ⅰ</td><td>Ⅱ</td><td>Ⅲ</td><td>Ⅳ</td></tr>
</table>

场地土的类型划分 表 7–2

场地土类型	土层的剪切波速（m/s）	场地土类型	土层的剪切波速（m/s）
坚硬场地土	$V_s > 500$	中软场地土	$250 \geqslant V_s > 140$
中硬场地土	$500 \geqslant V_s > 250$	软弱场地土	$V_s < 140$

当无实测剪切波速时，可按表 7–3 划分土的类型，并按下列原则确定场地土类型：当为单一土层时，土的类型即为场地土类型；当为多层土时，场地土类型可根据地面以下 15m 且不深于场地覆盖层厚度范围内各土层类型和厚度综合评定。

无实测数据时判断土的类别的原则 表 7–3

土的类型	岩土的名称和性状
坚硬土	岩石、密实的碎石土
中硬土	中密、稍密的碎石土，密实、中密的砾、粗、中砂，$f_k > 200$ 的黏性土和粉土
中软土	稍密的砾、粗、中砂，除松散的细、粉砂外，$f_k \leqslant 200$ 的黏性土和粉土，$f_k>130$ 的填土
软弱土	淤泥和淤泥质土，松散的砂，新近沉积的黏性土和粉土，$f_k < 130$ 的填土

在可液化土地基上进行码头设计时，当设计烈度为 7 ～ 9 度时，应对饱和土进行液化判别和相应的地基处理；当设计烈度为 6 度时，可不进行液化判别，但对液化敏感的码头结构，可按 7 度考虑。地面以下 20m 内，存在饱和砂土或粉土层时，需要进行液化判断，判断依据如下：

对饱和砂土或粉土层，当符合下列条件之一时，可初步判别为不液化：①地质年代为第四纪晚更新世（Q3）及其以前时；②当采用六偏磷酸钠作为分散剂的测定方法测得的粉土，其黏粒（粒径小于 0.005mm 的颗粒）含量的百分点数，7 度、8 度和 9 度分别不小于 10、13 和 16 时。

采用标准贯入试验判别法进行地基土的液化判别时，按式（7–1）判定是否为液化土。

$$N_{63.5} < N_{cr} \tag{7–1}$$

式中：$N_{63.5}$——未经杆长修正的饱和土标准贯入锤击数实测值；

N_{cr}——液化判别标准锤击数临界值。

N_{cr} 可按式（7–2）计算：

$$N_{cr} = N_0[0.9 + 0.1(d_s - d_w)]\sqrt{\frac{3}{M_e}} \tag{7–2}$$

式中：N_0——液化判别标准锤击数基准值，烈度 7 度时为 6，8 度时为 10，9 度时为 16；

d_s——饱和土标准贯入点深度（m）；

d_w——地下水位深度（m）；

M_e——黏粒含量百分点数，当小于 3 或为砂土时，均应取 3。

建筑物建成后和建造前的地面高程及地下水位有较大变化时，式（7–2）中各项应采用建成后的相应值，且标准贯入锤击数可按式（7–3）修正：

$$N'_{63.5} = N_{63.5}\frac{d'_s + d'_w + 7.8}{d_s + d_w + 7.8} \tag{7–3}$$

式中：$N'_{63.5}$——建筑物建成后的饱和土标准贯入锤击数修正值；

d'_s——建筑物建成后的饱和土标准贯入点深度（m）；

d'_w——建筑物建成后的地下水位深度（m）；

其余符号意义同前。

地基内有液化土层时，可不计该层土的强度，当有经验或经论证可利用该层土的部分强度时，根据抗液化指数对液化土层的桩侧摩阻力、内摩擦角等力学指标进行折减。其折减系数 α 可按表 7–4 采用。

液化土力学指标的折减系数值 表 7–4

$I_N = \frac{N_{63.5}}{N_{cr}}$	d_s	α
$I_N \le 0.6$	$d_s \le 10$	0
	$10 < d_s \le 20$	0.33
$0.6 < I_N \le 0.8$	$d_s \le 10$	
	$10 < d_s \le 20$	0.66
$0.8 < I_N \le 1.0$	$d_s \le 10$	
	$10 < d_s \le 20$	1.0

抗液化指数可按式（7–4）计算：

$$I_N = \frac{N_{63.5}}{N_{cr}} \tag{7–4}$$

式中：I_N——抗液化指数；

其余符号意义同前。

抗液化措施应根据码头重要性类别和地基液化等级来确定。全部消除地基液化沉降的措施，应符合以下规定：

（1）采用桩基时，桩端深入液化深度以下稳定土层中的长度应按计算确定。

（2）采用重力式基础，基础底面应埋入液化深度以下的稳定土层中，其深度不应小于 1m。

（3）采用加密法（如振冲、振动加密、挤密碎石桩、强夯等）加固时，应处治至液化深度下界，且处理后复合地基的标准贯入度不小于标准贯入试验判别法确定的液化判读标准贯入锤击数临界值。

（4）用非液化土代替全部液化土。

（5）采用加密法或换填法处治时，在基础边缘以外的处理宽度，应超过基础底面下处理深度的 1/2 且不小于基础宽度的 1/5。

鉴于码头需承受较大的水平荷载，对于液化地基处理不宜通过其上结构处理和部分消除地基液化影响等方法进行处治。

7.5 地基承载力和岸坡稳定计算

在码头工程建筑物地基的抗震验算中，对于液化土层以下的土层，按《港口工程地基规范》（JTS 147-1—2010）中固结快剪强度指标计算地基承载力时，抗力分项系数可降低至正常情况下的75%。当采用查表法时，地基土的抗震承载力设计值可按式(7–5)予以提高。液化土层以上的土层承载力设计值不应修正。

$$R_E=\eta_S R \tag{7–5}$$

式中：R_E——地基土抗震承载力设计值（kPa）；

R——经基础宽度和埋深修正后的地基土静承载力设计值（kPa）；

η_S——地基土抗震承载力设计值提高系数，按表 7–5 采用。

地基土抗震承载力设计值提高系数　　表 7–5

地　基　土	η_S
松砂（非液化状态）	1.0
一般砂土（非液化状态）	1.3
密实的碎石土（包括夯实的抛石基床）和基岩	1.5

地震时桩的垂直承载力抗力分项系数，在一般黏性土和砂土中，可降为正常情况下的80%；在软土和非液化状态的松砂中不宜降低。

对地震作用下的岸坡整体稳定验算，当采用圆弧滑动面法（图 7–1）验算时，应满足式(7–6)、式（7–7）的要求：

$$\gamma_s\left\{\sum\left[(q_ib_i+W_i)\sin\alpha_i+\frac{P_{Hi}y_i}{R}\right]+\frac{\sum M}{R}\right\}\leqslant\frac{1}{\gamma}\sum\left[c_ib_i\sec\alpha_i+(q_ib_i+W_i)\cos\alpha_i\tan\varphi_i\right] \tag{7-6}$$

$$P_{Hi}=CK_H\xi_i(q_ib_i+W_{si}) \tag{7-7}$$

式中：γ_s——综合分项系数，取 1.0；

W_i——第 i 土条的重力标准值（kN/m），水下用浮重度，计入渗透力时，对浸润线以下，设计低水位以上，改用饱和重度计算滑动力矩；

q_i——第 i 土条顶面上的荷载（kPa）；

b_i——第 i 土条的宽度（m）；

α_i——第 i 土条弧线中点切线与水平线的夹角（°）；

P_{Hi}——第 i 土条的水平向地震惯性力标准值（kPa）；

y_i——第 i 土条重心至滑弧圆心的竖向距离（m）；

R——滑弧半径（m）；

$\sum M$——由其他因素产生的滑动力矩标准值（kN · m/m）；

c_i——第 i 土条滑动面上土的黏聚力标准值（kPa）；

φ_i——第 i 土条滑动面上土的内摩擦角（°）；

C——综合影响系数，取 0.25；

K_H——水平向地震系数，按《水运工程抗震设计规范》（JTS 146—2012）选取；

ξ_i——分布系数，坡顶处取 4/3，坡底及其以下取 2/3，并沿高度直线分布；计算整坡稳定时，其值为 1；计算局部稳定时，可取该局部高度的平均值；

W_{si}——第 i 土条的重力标准值（kN/m），水下用饱和重度。

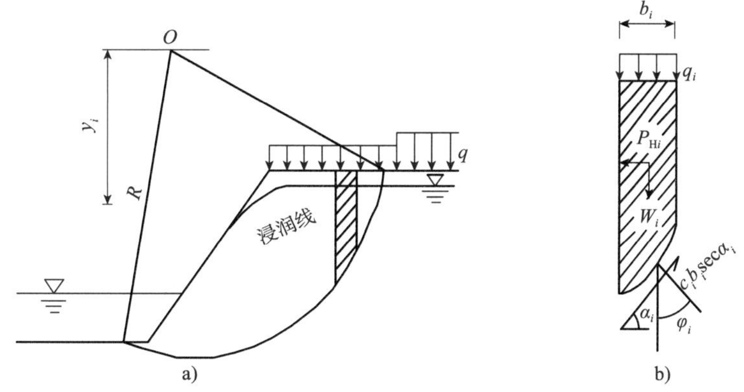

图 7–1　地震作用下圆弧滑动稳定性计算示意图

验算时，原则上应通过动力试验测定土体在地震作用下的抗剪强度指标。无动力试验条件时，除进行液化判断外，可用固结不排水强度指标或相当的抗剪强度。抗力分项系数不应小于 1.0。如有实际经验，可针对工程的具体情况，按现行行业标准《港口工程地基规范》（JTS 147–1—2010）的规定适当调整抗力分项系数。

7.6 地震作用与结构抗震计算

码头工程建筑物抗震设计属地震状况，仅应进行承载能力极限状态验算（抗震稳定和承载力验算），无需进行正常使用极限状态验算。在抗震设计中进行作用组合时，各种作用的标准值为静力计算时的数值，即现行行业标准《港口工程荷载规范》（JTS 144–1—2010）有关规定值乘以地震时各作用组合系数 ψ，ψ 可按表 7–6 采用。抗震设计时的水位应按表 7–7 考虑。

地震时各作用组合系数 表 7–6

<table>
<tr><th>序号</th><th colspan="3">作　　用</th><th>组合系数 ψ</th></tr>
<tr><td>1</td><td colspan="3">结构自重力</td><td>1</td></tr>
<tr><td>2</td><td colspan="3">固定设备自重力</td><td>1</td></tr>
<tr><td>3</td><td colspan="3">起重机自重力</td><td>1</td></tr>
<tr><td>4</td><td colspan="3">起重机吊重</td><td>0</td></tr>
<tr><td rowspan="2">5</td><td rowspan="2">引桥和斜坡栈桥上的流动机械荷载</td><td colspan="2">顺桥向</td><td>0</td></tr>
<tr><td colspan="2">横桥向</td><td>0.5</td></tr>
<tr><td rowspan="5">6</td><td rowspan="5">堆货荷载</td><td rowspan="2">件杂货、集装箱</td><td>高桩码头</td><td>0.33</td></tr>
<tr><td>板桩、重力式码头</td><td>0.5</td></tr>
<tr><td rowspan="2">五金钢铁</td><td>高桩码头</td><td>0.4</td></tr>
<tr><td>板桩、重力式码头</td><td>0.5</td></tr>
<tr><td>散货</td><td>高桩码头、板桩、重力式码头</td><td>0.7</td></tr>
<tr><td>7</td><td colspan="3">管道和皮带机等固定设备中的液体和散体</td><td>1</td></tr>
<tr><td>8</td><td colspan="3">船舶系缆力</td><td>0.5</td></tr>
<tr><td>9</td><td colspan="3">船舶挤靠力</td><td>0.5</td></tr>
<tr><td>10</td><td colspan="3">船舶撞击力</td><td>0</td></tr>
<tr><td>11</td><td colspan="3">内河高桩墩式和斜坡栈桥式码头的水流力</td><td>1</td></tr>
<tr><td>12</td><td colspan="3">水压力（包括墙后剩余水压力）</td><td>1</td></tr>
<tr><td>13</td><td colspan="3">扬压力</td><td>1</td></tr>
<tr><td>14</td><td colspan="3">波浪力</td><td>0</td></tr>
</table>

抗震设计时的水位 表 7–7

<table>
<tr><th>建筑物类别</th><th>抗震设计高水位</th><th>抗震设计低水位</th><th>抗震设计地下水位</th></tr>
<tr><td>海港和受潮汐影响的河口港</td><td>设计高水位</td><td>设计低水位</td><td rowspan="3">取相应不利水位</td></tr>
<tr><td>河港</td><td>多年历时保证率 10% 的水位</td><td>设计低水位</td></tr>
<tr><td>船闸</td><td colspan="2">取相应工作条件下的水位</td></tr>
</table>

码头工程建筑物水平向地震系数 K_H 按《水运工程抗震设计规范》（JTS 146—2012）计算。水平向地震作用根据建筑物的形式，分别对纵、横两个方向或其中一个方向进行验算。

码头工程建筑物竖向地震惯性力，可按相应的水平向地震惯性力算法，以竖向地震系数 K_V 代替水平向地震系数 K_H 进行计算，K_V 取 $2/3K_H$。对于重力式建筑物，当设计烈度为 8 度、9 度时，需同时计入水平向和竖向地震惯性力。此时竖向地震惯性力应乘以 0.5 的组合系数。

对设有前后方桩台的高桩码头，按下列规定进行抗震验算：

（1）前后方桩台可作为整体进行横向地震惯性力计算。

（2）对高桩码头纵向地震惯性力，可仅计算端部段，中间段可不考虑。

（3）基桩内力按刚架计算，前后方桩台间可按设铰接连杆考虑。

（4）对质量或刚度明显不均匀、不对称的桩基码头结构，应考虑水平向地震作用的扭转影响。

对混凝土闸墙或闸首边墩，在计入截面上全部渗透力（渗透系数取 1）情况下，截面最大拉应力不应大于 0.2MPa。计算地震惯性力时，重力按空气中重力计算，水下土体按饱和重度计算。

7.7　码头结构抗震措施设计

7.7.1　地基和岸坡

经岸坡验算，抗震稳定性不够时，可采用在危险滑弧影响范围打设塑料排水板或砂井排水、坡脚压载、减缓坡度或坡顶减载等措施。

地基和岸坡中存在软土（包括淤泥、淤泥质土以及天然强度低、压缩性高、透水性低的黏性土）和地基承载力不足时，需加固地基或采取结构措施，如清除软土，打设塑料排水板或砂井，加深基础，扩大基础底面积，增加结构整体性、对称均衡性，以及减轻荷载等。

建设区域内有古河道、掩埋沟以及明显不均匀土层等时，宜避开；当无法避开时，应采取必要措施。

对岩土的性质和厚度等在水平方向变化很大的不均匀地基，应采取防止地震时产生较大的不均匀沉陷和集中渗漏的措施，并注意提高上部建筑物对地基不均匀沉陷的适应性。

对于地基和岸坡中的可液化土层，可采用下列加固措施：

（1）在可液化土层中采用桩基时，基桩应穿过可液化土层，并有足够的长度伸入稳定的土层。

（2）对位于地面附近的可液化土层，可采用人工振密、强夯、盖重等措施或挖除全部可液化土层。

（3）当可液化土层位于地面下较深时，采用挤实砂桩、振动水冲等加密法。

（4）加固深度应处理至液化深度下界，且处理后土层的标准贯入击数实测值应大于相应的临界值。

（5）在相对不透水土层中存在可液化土夹层或透镜体时，可采用排水减压措施，如设置塑料排水板、砂井或减压井等。

（6）当局部地基可能液化时，可用密封幕（墙）围封至不透水层。

（7）在建筑物地基中和墙背后一定范围内，不应采用粉细砂和颗粒均匀的中砂等作为回填料。

7.7.2 重力式码头和重力墩

设计烈度为8度、9度时，码头墙后宜采用抛石棱体，一坡到底。

对方块码头或方块重力墩，提高结构的整体性的措施有：

（1）宜减少方块层数。

（2）在方块间设置榫槽。

（3）在方块上预留竖向孔洞，在孔洞中插入钢筋笼或型钢并灌注水下混凝土。

（4）混凝土胸墙宜现场浇筑，并与其下的方块（或卸荷板）连成整体。

对预制安装的扶壁式码头，应增强其纵向整体性，宜采用现浇胸墙，胸墙（帽梁）的纵向钢筋数量应适当增加，立板竖向钢筋要外伸，并与胸墙钢筋连接。

7.7.3 高桩码头

在高桩码头前后方桩台间的建筑缝中应填充缓冲材料。

桩基布置应符合下列要求：

（1）每个分段内的桩基，特别是叉桩宜对称布置。

（2）适当增加叉桩，叉桩宜布置在排架中支座垂直反力大的位置。

（3）不宜采用全部钢筋混凝土直方桩码头结构，若全部采用直桩，其桩顶节点设计，应保证其整体性和良好的延性。

（4）高桩码头后方桩台桩顶与上部结构的连接宜做成固结。

叉桩桩帽与横梁之间，应有足够的联系钢筋，在靠近陆侧斜桩顶部，宜适当布置延性好的联系钢筋。应先采用刚度较大的码头上部结构。宜减少作用于接岸结构和棱体的地震力对码头结构的影响，桩台或引桥和接岸结构之间，宜设置简支的过渡板。

7.7.4 桥吊码头

桥吊码头活动支座应采取防止落梁措施，如设置挡块、螺栓连接等。桥吊码头行车纵梁下部支撑结构抗震构造参见图7–2。行车纵梁支座边缘至墩（台）帽或横梁边缘距离的最小值a（图7–2）应按表7–8采用。

跨径与 a 值的关系　　表7–8

跨径（m）	10 ~ 15	16 ~ 20	21 ~ 30	31 ~ 40
a（m）	250	300	350	400

7.7.5 斜坡码头和浮码头

对于桥跨的活动支座，应采取防止落梁措施，如设置挡块、螺栓连接等。桥跨支座边缘至墩（台）帽或横梁边缘距离的最小值a（图7–3）应按表7–9采用。

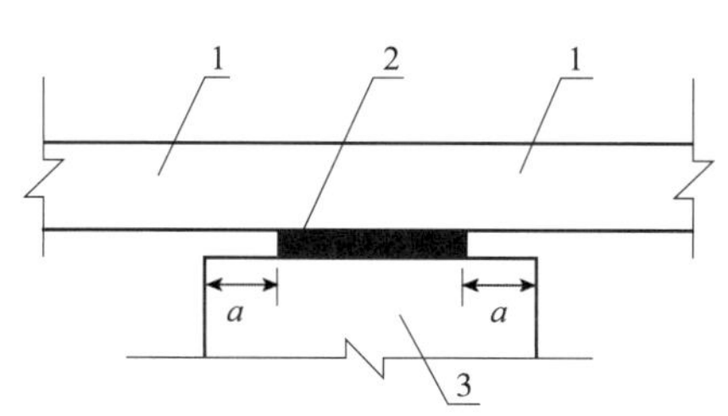

图 7-2 小车纵梁支座边缘至墩（台）帽或横梁边缘的距离

1- 梁；2- 支座；3- 墩（台）帽或横梁

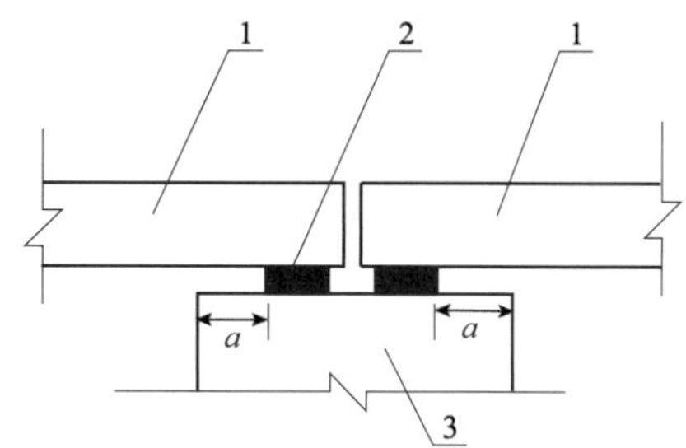

图 7-3 桥跨支座边缘至墩（台）帽或横梁边缘的距离图示

1- 梁；2- 支座；3- 墩（台）帽或横梁

跨径与 *a* 值的关系 表 7-9

跨径（m）	10 ~ 15	16 ~ 20	21 ~ 30	31 ~ 40
a（m）	250	300	350	400

对高度较大的柱、桩式墩，为提高其顺桥向的刚度，宜根据具体情况，适当加大柱、桩直径或设置叉桩。柱、桩的受力钢筋应全部伸入横梁内，并应具有足够的锚固长度。

重力式混凝土墩（台）宜减少施工缝。在施工缝处应凿毛并设置短钢筋，保证墩（台）的整体性，并应在施工工艺上采取措施，防止混凝土出现裂缝。

墩（台）应采用整体性强的结构形式。桥台的胸墙应适当加强，在胸墙与梁端部之间宜填充缓冲材料。

7.8 码头结构抗震设计构造细节

7.8.1 墩柱结构构造措施

对于抗震设防烈度为 7 度及 7 度以上地区，墩柱潜在塑性铰区域内加密箍筋的配置，应符合下列要求：

（1）加密区的长度不应小于墩柱弯曲方向截面宽度的 1.0 倍或墩柱上弯矩超过最大弯矩 80%的范围；当墩柱的高度与横截面高度之比小于 2.5 时，墩柱加密区的长度应取全高。

（2）加密箍筋的最大间距不应大于 10cm 或 $6d_s$ 或 $b/4$，其中 d_s 为纵向钢筋的直径，b 为墩柱弯曲方向的截面宽度。

（3）箍筋的直径不应小于 10mm。

（4）螺旋式箍筋的接头必须采用对接，矩形箍筋应有 135° 弯钩，并伸入核心混凝土之内 $6d_s$ 以上。

（5）加密区箍筋肢距不宜大于 25cm。

（6）加密区外箍筋量应逐渐减少。

对于抗震设防烈度为 7 度、8 度地区，圆形、矩形墩柱潜在塑性铰区域内加密箍筋的最小体积含箍率 $\rho_{s\min}$，按式（7-8）、式（7-9）计算。对于抗震设防烈度为 9 度及 9 度以上地区，圆形、矩形墩柱潜在塑性铰区域内加密箍筋的最小体积含箍率$\rho_{s\ min}$，应比抗震设防烈度 7 度、8 度地区适当增加，以提高其延性能力。

圆形截面：

$$\rho_{s\ min}=[0.14\eta_k+5.84(\eta_k-0.1)(\rho_t-0.01)+0.028]\frac{f'_c}{f_{yh}}\geqslant 0.004 \tag{7-8}$$

矩形截面：

$$\rho_{s\ min}=[0.1\eta_k+4.17(\eta_k-0.1)(\rho_t-0.01)+0.02]\frac{f'_c}{f_{yh}}\geqslant 0.004 \tag{7-9}$$

式中：η_k——轴压比，指结构的最不利组合轴向压力与柱的全截面面积和混凝土轴心抗压强度设计值乘积之比值；

ρ_t——纵向配筋率。

墩柱潜在塑性铰区域以外箍筋的体积配箍率不应小于塑性铰区域加密箍筋体积配箍率的 50%。墩柱的纵向钢筋宜对称配筋，纵向钢筋的面积不宜小于 0.006 A_h，且不应超过 0.04 A_h，其中 A_h 为墩柱截面面积。墩柱纵向钢筋之间的距离不应超过 20cm，至少每隔一根宜用箍筋或拉筋固定。

空心截面墩柱潜在塑性铰区域内加密箍筋的配置，应符合下列要求：

（1）应配置内外两层环形箍筋，在内外两层环形箍筋之间应配置足够的拉筋，如图 7-4 所示。

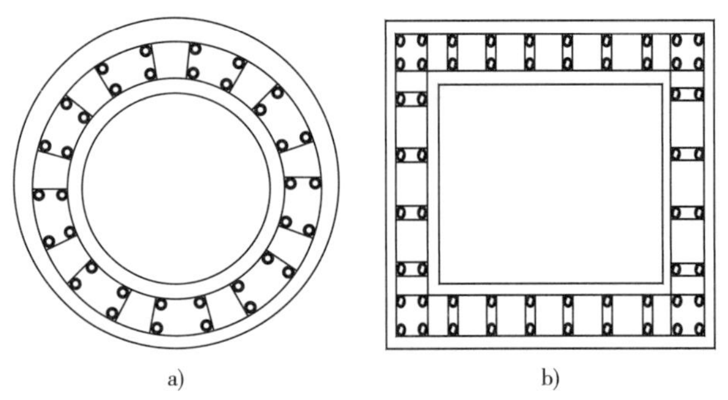

图 7-4　常用空心截面类型

（2）加密箍筋的配置应满足构造和相关结构设计的规定。

墩柱的纵向钢筋应尽可能地延伸至盖梁和承台的另一侧面，纵向钢筋的锚固和搭接长度应在现行《港口工程混凝土结构设计规范》（JTJ 267—1998）要求的基础上增加 $10d_s$，d_s 为纵向钢筋直径，不应在塑性铰区域进行纵向钢筋的连接。

塑性铰加密区域配置的箍筋应延续到盖梁和承台内，延伸到盖梁和承台的距离不应小于墩柱长边尺寸的 1/2，并不小于 50cm。

柱式墩和排架桩墩的柱（桩）与盖梁、承台连接处的配筋不应少于柱（桩）身最大配筋。柱式墩和排架桩墩的截面变化部位，宜做成坡度为 2∶1 ～ 3∶1 的喇叭形渐变截面或在截面变化处适当增加配筋。

排架桩墩加密区段箍筋布设应符合以下要求：

(1) 扩大基础的柱式墩和排架桩墩应布置在柱（桩）的顶部和底部，其布置高度取柱（桩）的最大横截面尺寸或1/6柱（桩）高，并不小于50cm。

(2) 桩基础的排架桩墩应布置在柱（桩）的顶部（布置高度同上）和柱（桩）在地面或一般冲刷线以上1倍柱（桩）径处延伸到最大弯矩以下3倍柱（桩）径处，并不小于50cm。排架桩墩加密区段箍筋配置及箍筋接头应符合构造设计的要求。

7.8.2 结点构造措施

结点的主拉应力和主压应力可按式（7-10）计算：

$$\begin{matrix}\sigma_c \\ \sigma_t\end{matrix} = \frac{f_v + f_h}{2} \pm \sqrt{\left(\frac{f_v - f_h}{2}\right) + v_{jh}^2} \tag{7-10}$$

式中：σ_c、σ_t——结点的名义主压应力和名义主拉应力；

v_{jh}——结点的名义剪应力；

$$v_{jh} = v_{jv} = \frac{V_{jh}}{b_{je} h_b}$$

$$V_{jh} = T_c^t + C_c^v$$

V_{jh}——结点的名义剪力，见图7-5；

T_c^t——考虑超强系数φ^0($\varphi^0 = 1.2$)的混凝土墩柱受压区压应力合力，见图7-5；

f_v、f_h——结点沿垂直方向和水平方向的正应力；

$$f_v = \frac{P_c^b + P_c^t}{2 b_b h_c}$$

$$f_h = \frac{P_b}{b_{je} h_b}$$

b_{je}、h_b——横梁横截面的宽度和高度；

b_b、h_c——上立柱横截面的宽度和高度；

P_c^b、P_c^t——上下立柱的轴力；

P_b——横梁的轴力（包括预应力产生的轴力）。

如主拉应力$\sigma_t \leqslant 0.275\sqrt{f_c'}$(MPa)，结点的水平和竖向箍筋配置可按式（7-11）计算：

$$\rho_{s\,min} = \rho_x + \rho_y = \frac{0.075\sqrt{f_c'}}{f_{yh}} \tag{7-11}$$

式中：f_c'——混凝土标准抗压强度；

其余符号意义同前。

如主拉应力$\sigma_t > 0.275\sqrt{f_c'}$(MPa)，应按以下要求进行结点水平和竖向箍筋配置：

(1) 结点中的横向含箍率不应小于对于塑性铰加密区域含箍率的要求。

(2) 在距柱侧面$h_b/2$的盖梁范围内配置竖向箍筋，h_b为盖梁的高度，竖向箍筋见

图 7−6，按式（7−12）计算竖向箍筋面积 A_v：

$$A_v = 0.174A_s \tag{7-12}$$

式中：A_s——立柱纵筋面积。

（3）结点中的竖向箍筋可取 $A_v/2$。

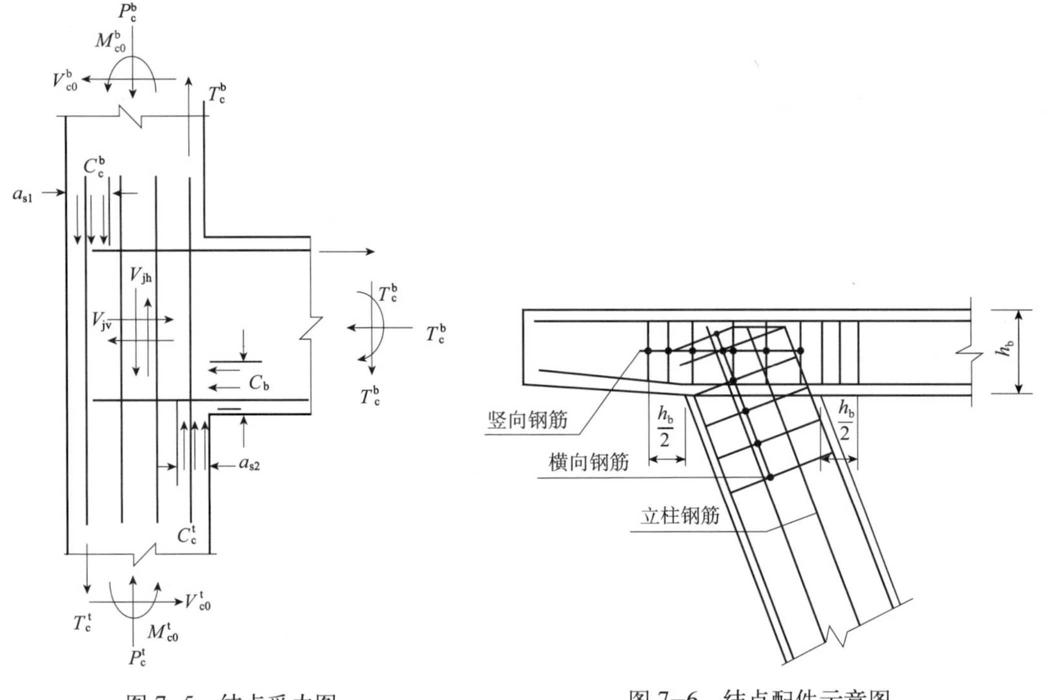

图 7−5　结点受力图

图 7−6　结点配件示意图

8 内河码头装卸设备地震荷载计算方法

内河码头是内河航运水陆交通的集结点和枢纽，促进了沿江、沿河产业密集区的形成，对区域间的经济发展起到了重要的作用。起重设备是内河码头货物装卸最为重要的设备，为充分利用材料的强度，节省材料，减轻自重和增大刚度，起重设备通常设计为钢构架，钢构架具有良好的刚度和强度，但由于其多为大型设备，高度高，承受侧向力能力低，从而造成其抗震性能较差。如前所述，历史上的多次大地震都对码头起重设备造成了破坏，如 1976 年我国唐山大地震，天津港遭到严重破坏，设备损毁严重；1995 年日本兵库县南部地震中，神户港集装箱起重设备遭到了不同程度的损坏；2010 年智利大地震，对港口码头及装卸设备也造成了巨大的破坏。地震会造成港口码头起重设备发生断裂、支腿弯曲、大车脱轨甚至倾翻，严重影响港口码头的生产运营，造成重大经济财产损失。

起重机是内河码头最为主要的大型装卸设备，其设计、制造复杂，功能独特，如果更换，则需耗费很长的时间。所以，地震后若起重机能继续使用对码头的救援恢复、应急工作具有相当重要的作用。我国是一个地震多发国家，预防地震对港口码头装卸设备破坏最根本的措施是提高设备的抗震设计能力，以保证港口码头装卸设备在中小地震中可继续使用，在大地震中尽量减少损失。

本章在分析总结各国起重机抗震荷载计算方法的基础上，提出了一种适用于我国的起重设备地震荷载的静力计算方法。该方法简单易行，可操作性强。

8.1 起重机荷载组合

地震使地面产生水平运动和竖向运动，如地面加速度、地面速度和地面的位移。由地震引起的结构震动，包括结构的位移反应、速度反应、加速度反应等称为结构地震反应或结构地震响应。在地震发生的过程中，静止于地面上的结构物体因地面运动而被迫震动。在地震的震动过程中，由于地面加速度和结构相对加速度在结构体上产生的惯性力之和称为地震荷载。

作用在起重机上的荷载分为常规荷载、偶然荷载、特殊荷载及其他荷载，在分析与这些荷载有关的起重机各种可能的荷载组合时，需区分这些荷载的不同类别，而且在起重机承载能力验算中确定荷载效应时需考虑荷载系数。

8.1.1 荷载种类

根据我国《起重机设计规范》（GB/T 3811—2008）对起重机所受荷载种类和组合有下列规定。

常规荷载是指在起重机正常工作时经常发生的荷载，包括由重力产生的荷载，由驱动机构或制动器的作用使起重机加（减）速运动而产生的荷载及因起重机结构的位移或变形引起的荷载。在防屈服、防弹性失稳及在有必要时进行的防疲劳失效等验算中，应考虑这类荷载。

偶然荷载是在起重机正常工作时不经常发生而只是偶然出现的荷载，包括由工作状态的风、雪、冰、温度变化及偏斜运行的荷载。在防疲劳失效的计算中通常不考虑这些荷载。

特殊荷载是指在起重机非正常工作时或不工作时的特殊情况下才发生的荷载，包括由起重机试验、受非工作状态风、缓冲器碰撞及起重机（或其一部分）发生倾翻、起重机意外停机、传动机构失效或起重机基础受到外部激励等引起的荷载。在防疲劳失效的计算中也不考虑这些荷载。

8.1.2 荷载组合

（1）起重机无风工作情况下的荷载组合

① A1——起重机在正常工作状态下，无约束地起升地面的物品，无工作状态风荷载及其他气候影响产生的荷载，此时只应与正常操作控制下的其他驱动机构（不包括起升机构）引起的驱动加速力相组合。

② A2——起重机在正常工作状态下，突然卸除部分起升质量，无工作状态风荷载及其他气候影响产生的荷载，此时应按①的驱动加速力组合。

③ A3——起重机在正常工作状态下，（空中）悬吊着物品，无工作状态风荷载及其他气候影响产生的荷载，此时只应与悬吊物品及吊具的重力与正常操作控制下的任何驱动机构（包括起升机构）在一串运动状态中引起的加速力或减速力进行任何的组合。

④ A4——在正常工作状态下，起重机在不平道路或轨道上运行，无工作状态风荷载及其他气候影响产生的荷载，此时应按①的驱动加速力组合。

（2）起重机有风工作情况下的荷载组合

① B1 ~ B4——其荷载组合与 A1 ~ A4 组合相同，但应考虑加上工作状态风荷载及其他气候影响产生的荷载。

② B5——在正常工作状态下，起重机在带坡度的不平轨道上以恒速偏斜运行，由工作状态风荷载及其他气候影响产生的荷载（其他结构不运动）。

注：当起重机的具体使用情况为应该考虑坡道荷载及工艺性荷载时，可以将坡道荷载视作偶然荷载在起重机的无风工作情况下或有风工作情况下的荷载组合予以考虑，将工艺性荷载视作偶然荷载或特殊荷载予以考虑。

（3）起重机受到特殊荷载作用工作情况或非工作情况下的荷载组合

① C1——起重机在工作状态下，用最大起升速度无约束地提升地面荷载。

② C2——起重机在非工作状态下，由非工作状态风荷载及其他气候影响产生的荷载。

③ C3——起重机在动载试验状态下，提升动载试验荷载，并由试验状态风荷载与荷载组合 A1 的驱动加速力相组合。

④ C4——起重机带有额定起升荷载，与缓冲碰撞力产生的荷载相组合。

⑤ C5——起重机带有额定起升荷载，与倾翻力产生的荷载相组合。

⑥ C6——起重机带有额定起升荷载，与意外停机引起的荷载相组合。

⑦ C7——起重机带有额定起升荷载，与机构失效引起的荷载相组合。

⑧ C8——起重机带有额定起升荷载，与起重机基础外部激励（地震激励）产生的荷载相组合。

⑨ C9——起重机在安装、拆卸或运输期间产生的荷载组合。

8.2 日本规范中关于起重机地震荷载的规定

日本位于太平洋板块与亚欧板块挤压碰撞的区域，处于环太平洋地震带上，属于地震多发的国家。据统计，日本每年发生地震数千次，其中震级在 3 级以上的每天就有 4 次，因此日本对起重机抗震设计有较深入的研究。

2006 年 5 月日本港口法修改后，为规范港口设备技术标准，针对《港口设备技术标准省令（2007 年 3 月 26 日国土交通省令第 15 号）》与《关于确定港口设备技术标准细目的通告（2007 年 3 月 28 日国土交通省通告第 395 号）》进行了修订，并于 2007 年 4 月 1 日颁布新技术标准。其中，从临海发生地震情况下，港口功能的确保与防灾据点形成功能强化等观点出发，作为技术标准对象设备，在废弃物掩埋护岸、海滨、绿地、广场及货物装卸设备中增加除石油运输机械之外的机械对象。

8.2.1 日本集装箱起重机遭受的地震灾害特征

1995 年在日本兵库县南部地震中，神户港集装箱码头起重设备遭到了不同程度的损坏，这是近年来日本发生的最为严重的港口码头地震事件。地震中，神户港集装箱货运枢纽遭受严重损害，所有集装箱起重机均遭到不同程度的损坏。由于神户港集装箱货运枢纽多由沉箱式防波堤构成，沉箱受地震波影响，向海侧倾斜，并移动数米距离，导致集装箱船舶无法靠岸停泊，且集装箱起重机损坏严重，丧失装卸功能。

集装箱起重机典型的受损状况主要包括三类，详见第 3 章。图 8−1 为集装箱起重机典型受损状况。

8.2.2 日本起重机抗震设计方法

日本标准《起重机抗震设计指南》（JCAS 1101—2008）规定了起重机（移动式起重机除外）的抗震设计方法。

日本标准《起重机抗震设计指南》（JCAS 1101—2008）中的重要术语如下：

（1）烈度法：将不规则震动状态下地震动的影响转换为静态力，作用于构造物进行分析的方法。

（2）修正烈度法：将采用构造物振动特性的地震荷载转换为静态力的方法。

（3）地震动：由震源释放的地震波所引起的地面运动。它是由不同频率、不同幅值（或强度）在一个有限时间范围内的集合，通常以幅值、频率特性和持续时间三个参数表征地震特性。

（4）一级地震动：设施使用期内发生的概率较高的地震动。

（5）二级地震动：设施使用期内发生的概率较低，但强度较大的地震动。

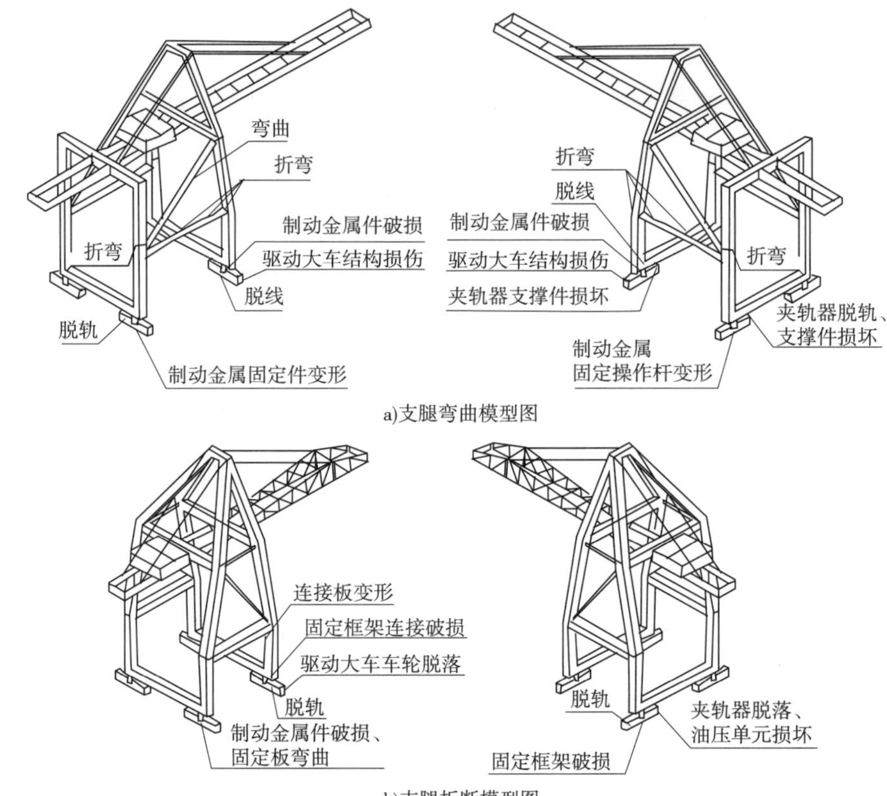

a)支腿弯曲模型图

b)支腿折断模型图

图 8-1　集装箱起重机典型受损状况

对于考虑了起重机的构造特性、安装地域及基本特性的一级地震动，根据修正烈度法，进行容许应力设计，以此作为抗震设计的基础，即地震时被激励起的起重机的振动模式中，以最重要的一次振动模式为目标，求其烈度，并与此相对应的惯性力和起重机自重等负载相结合，计算发生于起重机部件上的应力和位移等，比较并讨论容许应力等的容许值，据此验证起重机的抗震性能，其设计流程如图 8-2 所示。

但是，在合理且证据确凿的情况下，可不使用根据修正烈度法的容许应力设计方法。例如，当使用适当的输入地震波时，可按照动态应答解析的修正烈度法的容许应力设计之外的方法。

但是，即使选择了其他的容许应力设计方法，也务必按照修正烈度法进行容许应力设计，比较该结果与在该类方法中取得的结果，分析两者之间差异的原因，且必须评价该类方法的合理性。

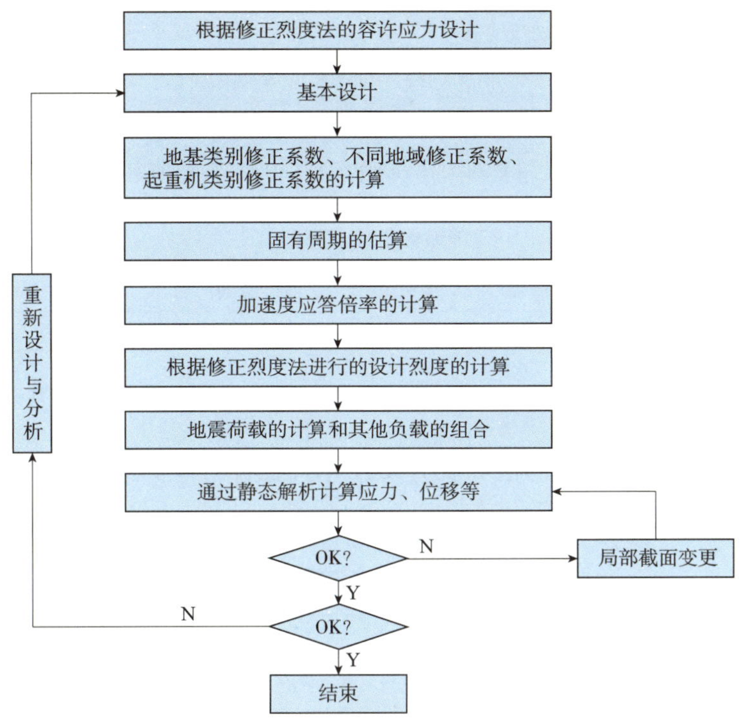

图 8–2　根据修正烈度法的容许应力设计流程

8.2.2.1　修正烈度法规定的一级地震动的抗震设计

(1) 地震荷载的计算

①设计水平烈度的计算

设计水平烈度：

$$K_s = K_o \cdot \beta_1 \cdot \beta_2 \cdot \beta_3 \cdot \beta_4 \tag{8–1}$$

式中：K_s——设计水平烈度；

K_o——基本水平烈度；

β_1——地域类型补正系数；

β_2——地面类别补正系数；

β_3——加速度应答倍率；

β_4——起重机类别补正系数。

地震荷载的作用方向与轨道平行（以下简称轨道方向），起重机不受基础地面的约束时，设计水平烈度为：

$$K_s = 0.3 \times \frac{n_z}{n_c} \tag{8–2}$$

式中：n_z——制动车轮数；

n_c——总车轮数。

当主体较高，对两侧制动车轮数量不相等的起重机，必须考虑其倾覆力矩后再计算K_s。但设计水平烈度K_s的最小值是$K_{s\,min} = 0.10$。

A．基本水平烈度K_o

$$K_o=0.15 \tag{8-3}$$

B．地域类别修正系数β_1

β_1的值如表 8-1 所示，β_1与其他构造物的耐震设计基准值相匹配。

地域类别修正系数 表 8-1

地 域 划 分	β_1	地 域 划 分	β_1
特 A	1.0	B	0.6
A	0.8	C	0.4

C．地面类别修正系数β_2

根据表层地面的不同，β_2的值如表 8-2 所示，但针对地面形态已人为改变时，需评价其改变前的地面类别。

地面类别修正系数 表 8-2

地面的种类		β_2
第一种	根据对由第三纪以前的底层及硬质砂层、硬质砂砾等坚固底层构成的地面，根据特征周期的调查或研究结果，认为具有与此相同程度特征周期（0.1s 以下）的地面	1.4
第二种	第一种地面及第三种地面之外的（地面）	1.6
第三种	在腐殖土、泥土及其他此类物质构成的冲积层（即使有盛土，也包括此）内，其深度大约在 30m 以上的，埋入沼泽、泥海内地基深度大约 3m 以上，且埋入时间少于 30 年的，根据特征周期的调查或研究结果，认为具有与此大体相同特征周期（0.75s 以上）的地面	2.0

D．加速度倍率β_3

a．将起重机直接安装在地面上时，按照起重机固有周期T和地面类别，首先从图 8-3 中获得衰减常数为 2.5% 的加速度倍率$\beta_{3\,(2.5\%)}$，由加速度倍率$\beta_{3\,(2.5\%)}$与修正系数η的乘积计算得出β_3（此算法只适用于起重机固有周期$T \leqslant 5$的情况）。

$$\beta_3=\beta_{3\,(2.5\%)}\cdot\eta \tag{8-4}$$

式中，η的值见表 8-3。衰减常数不明确时，对于一般性起重机，h_c可取 2.5%。

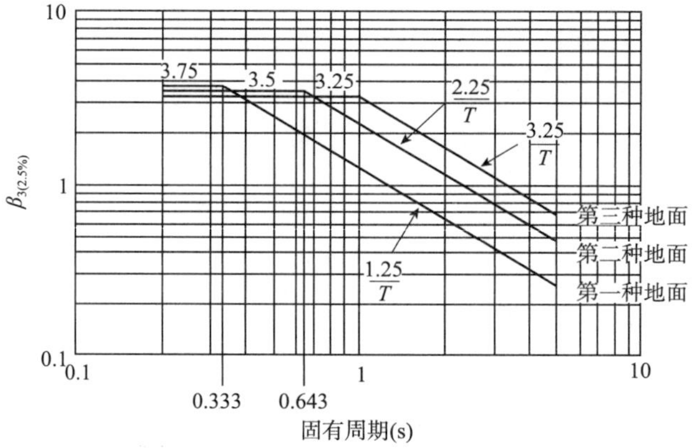

图 8-3 衰减常数为 2.5% 的加速度倍率$\beta_{3\,(2.5\%)}$

修正系数η　　表 8-3

衰减常数 h_c(%)	0.5	1	1.5	2	2.5	3	5	10
修正系数η	1.43	1.24	1.15	1.06	1	0.94	0.8	0.62

b. 关于起重机的固有周期 T，可通过测定目标起重机和同型号起重机的工作情况求其固有周期，或通过其钢结构的固有值解析求其固有周期。

门式起重机或桥式起重机等桥架型起重机的固有周期可通过如下公式求解获得。

(a) 桥式起重机

大车行走方向固有周期 T_z (s)：

$$T_z = 2\pi\ \sqrt{m_c \cdot a_z} \tag{8-5}$$

(b) 门式起重机

小车行走方向固有周期 T_x(s)：

$$T_x = 2\pi\ \sqrt{m_c \cdot a_x} \tag{8-6}$$

大车行走方向固有周期 T_z(s)：

$$T_z = 2\pi\sqrt{m_c \cdot \frac{a_{zs} \cdot a_{zl}}{a_{zs} + a_{zl}}} \tag{8-7}$$

式中：m_c——桥式起重机大梁的质量，或门式起重机除支腿外的全部质量；

a_z——桥式起重机大车行走方向大梁的水平挠度系数；

a_x——门式起重机小车行走方向桥架结构的水平挠度系数；

a_{zs}——门式起重机大车行走方向海侧框架的水平挠度系数；

a_{zl}——门式起重机大车行走方向陆侧框架的水平挠度系数；

注：a_x、a_{zs}、a_{zl}为图 8-4、图 8-5 所示位置上施加单位水平力 P=1N 时该点的水平位移。

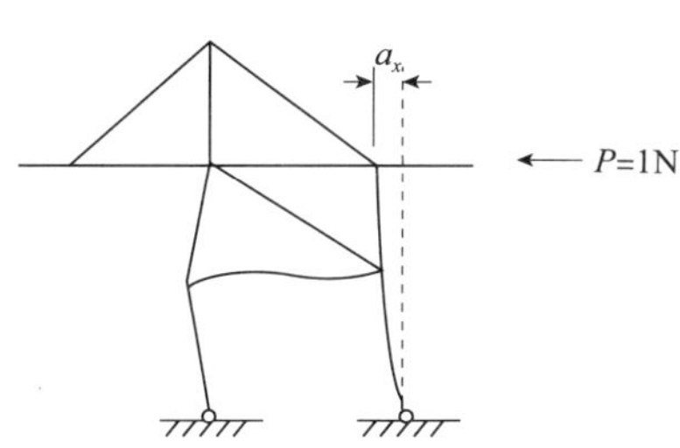

图 8-4　门式起重机的横行方向

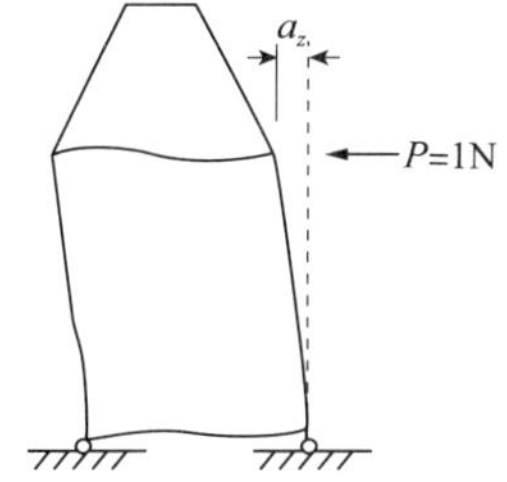

图 8-5　门式起重机的走行方向

c. 考虑了起重机支撑结构特性的加速度倍率

在栈桥或建筑物等支撑结构的上面安装起重机的加速度倍率β_3，可由式（8-4）β_3值与式（8-8）δ值的乘积得出。

$$\delta = 0.71\sqrt{\frac{1+\lambda^2}{\lambda^2 + (1-\lambda^2)k^2}} \tag{8-8}$$

式中，λ 与 k 可由表 8-4 和图 8-6 求得。

λ 值计算公式　　表 8-4

固有周期比	λ
$T_c/T_p \leqslant 0.9$	$\sqrt{1-(1-\gamma)\left(\dfrac{1.8T_cT_p}{T_c^2+0.81T_p^2}\right)^2}$
$0.9 < T_c/T_p \leqslant 1.1$	$\sqrt{\gamma}$
$T_c/T_p \geqslant 1.1$	$\sqrt{1-(1-\gamma)\left(\dfrac{2.2T_cT_p}{T_c^2+1.21T_p^2}\right)^2}$

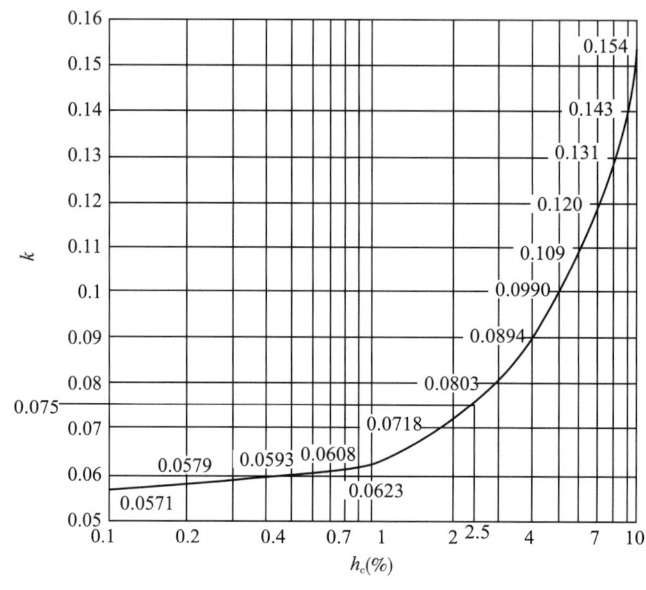

图 8-6　k 值

表 8-4 中的T_c、T_p及γ可通过如下公式进行求解。

起重机固有周期：

$$T_c = 2\pi\sqrt{\frac{m_c}{k_c}}$$

支撑结构的固有周期：

$$T_p = 2\pi\sqrt{\frac{m_c+m_p}{k_p}}$$

质量比：

$$\gamma = \frac{m_c}{m_c+m_p}$$

式中：m_c——起重机质量；

m_p——支撑结构质量；

k_c——起重机的弹簧常数；

k_p——支撑结构的弹簧常数。

当$\gamma \leqslant 0.1$时，$\gamma = \dfrac{m_c}{m_p}$，$T_p = 2\pi\sqrt{\dfrac{m_p}{k_p}}$，可根据起重机的衰减常数$h_c$，从图 8-6 得到 k 值。

对于建筑物等支撑结构的固有周期不明确的加速度倍率β_3,可由式(8−4)β_3与式(8−9)δ的乘积得出。

$$\delta = 0.7\sqrt{\frac{1+\gamma}{0.925\gamma + 0.075}} \tag{8-9}$$

E. 起重机类别修正系数β_4

按照表 8−5 所示的起重机类别，根据等级及有无司机室，起重机类别修正系数 β_4如表 8−6 所示。

起重机类别修正系数 β_4 表 8−5

等　级	(无司机室)	(有司机室)	等　级	(无司机室)	(有司机室)
Ⅰ	0.8	1.0	Ⅳ	0.5	0.7
Ⅱ	0.7	0.9	Ⅴ	0.4	0.6
Ⅲ	0.6	0.8			

起重机类别等级 表 8−6

大　分　类	中　分　类	小　分　类	等级
门式起重机	普通型门式起重机	电动葫芦式门式起重机	Ⅴ
		手动式门式起重机	Ⅳ
	特殊型门式起重机	旋转带司机室门式起重机	Ⅳ
		全外伸式门式起重机	Ⅲ
		旋转式门式起重机	Ⅳ
		炼钢门式起重机	Ⅲ
悬臂式起重机	悬臂式起重机	塔式、门式悬臂起重机	Ⅰ
		低底座式悬臂起重机	Ⅱ
		建筑用塔吊	Ⅰ
	造船用塔式起重机	电动葫芦塔式悬臂起重机	Ⅱ
		手动式塔式悬臂起重机	Ⅰ
		攀登式锤形起重机	Ⅰ
	俯仰式起重机		Ⅰ
	壁行式起重机	电动葫芦式壁行起重机	Ⅲ
		手动式壁行起重机	Ⅲ
桥式起重机	普通型桥式起重机	电动葫芦桥式起重机	Ⅱ
		手动式桥式起重机	Ⅱ
	特殊型桥式起重机	旋转带司机室式桥式起重机	Ⅰ
		悬臂起重机式桥式起重机	Ⅰ
		带俯仰桥式起重机	Ⅰ
装卸桥	桥式起重机式装卸桥		Ⅰ
	特殊型装卸桥	旋转带司机室式装卸桥	Ⅰ
	俯仰式装卸桥		Ⅰ

续上表

大 分 类	中 分 类	小 分 类	等级
电缆起重机	固定电缆起重机		Ⅳ
	走行电缆起重机		Ⅳ
	桥形电缆起重机		Ⅳ
空中缆车	空中缆车		Ⅴ
堆垛起重机	堆垛式起重机		Ⅴ
	货物升降式堆垛起重机		Ⅴ

因起重机的毁坏可能危及人员生命时，可在原有β_4的基础上增加0.1，但不得高于1.0。维护检修中使用频率极少，且通过无线操作或地板上面操作，可判断起重机的毁坏不会危及人员生命，可在原有β_4的基础上减少0.1，但不得低于0.4。

②设计垂直烈度的计算

设计垂直烈度

$$K_v = \frac{K_s}{2} \tag{8-10}$$

式中：K_s——设计水平烈度。

③地震荷载

地震荷载F由水平地震荷载F_h和垂直地震荷载F_v两部分组成：

水平地震荷载

$$F_h = K_s \times 起重机自重$$

垂直地震荷载

$$F_v = K_v \times 起重机自重$$

对于用钢丝绳吊起货物的情况，原则上不考虑其水平方向的惯性力。但被吊货物的重量、钢丝绳的固有周期在起重机一阶固有周期的1.4倍以下时，则考虑该惯性力，垂直地震荷载F_v为：

装卸桥

$$F_v = K_v \times (起重机自重 + 80\% \times 额定荷载)$$

其他起重机

$$F_v = K_v \times (起重机自重 + 50\% \times 额定荷载)$$

(2) 容许应力和应力评价

地震时，钢材的容许应力值为不超过材料的屈服极限。

在垂直动荷载、垂直静荷载、水平地震荷载、垂直地震荷载的组合下计算强度时，此四种荷载的应力应按照SRSS（Square Root of Sun of Square，简称“平方和开平方”）进行叠加。

8.2.2.2 按照修正烈度法以外的抗震设计方法

(1) 一级地震动的地震荷载计算

采用反应谱法或时程分析法计算设计水平烈度，且通过时程分析法进行计算时，应使用适当的地震波。

垂直地震荷载仍采用修正烈度法计算地震荷载。

地震对起重机的影响评价与修正烈度法相同。根据一级地震动的地震荷载进行抗震设计时，也应同时按照修正烈度法进行抗震设计，并比较二者结果的差异。

（2）二级地震动的地震荷载计算

①极限状态

为了确定极限状态，非线性时程分析法使用的地震动是一级地震动的 1.5 倍。使用模拟地震波时，应使用适当的地震波。

②安全性的验证

在计算的二级地震动地震荷载的作用下，应检验起重机是否会出现崩塌或倒塌等不稳定破坏、是否会出现危及人身安全或周围环境的结果。根据二级地震动的地震荷载进行抗震设计时，也应同时按照修正烈度法进行抗震设计，并比较二者结果的差异。

8.3　俄罗斯规范中关于起重机地震荷载的规定

根据《起重机手册》，在俄罗斯只有处于地震区的起重机才考虑地震荷载。

在地震区安装高架起重机应考虑水平地震荷载的作用：

$$P = k_1 G \tag{8-11}$$

式中：G——起重机自重或所考虑部分的重量；

k_1——与地震烈度有关的地震系数，7 级烈度区为 0.025，8 级烈度区为 0.05，9 级烈度区为 0.1。

8.4　美国规范中关于起重机地震荷载的规定

美国主要应用 LIFTECH CONSULTANTS INC 起重机抗震设计规范规定本国码头装卸设备的地震荷载。

近期研究表明，按照传统规范设计的典型重型起重机，在 50 年内可能遇到的几率为 50% 的中级地震中能表现良好（EQO），但是在 50 年遇到几率为 10% 的大地震中可能遭到毁灭性破坏（EQC）。EQO 和 EQC 为设计规范中两种地震级别，其定义如下：

EQO——地震发生后起重机可继续工作的可控地震级别，在其他文件中也称为 OLE，地震应力和变形，包括永久性路基变形，均不应导致起重机出现重大结构损坏，所有损坏均集中于可观察区域，且能够修复。

EQC——偶然地震级别，在其他文件中也称为 CLE，地震应力和变形，包括永久性路基变形，可能造成起重机可控的非弹性结构变形和有限的永久性变形。所有损坏均能够修复，且损坏处位于可观察和修复的区域。须防止码头出现毁灭性破坏，确保人身安全。码头可能出现临时中断运营情况，但在一段时间内可修复。

LIFTECH CONSULTANTS INC 起重机抗震设计规范中介绍了两种抗震设计方法：

应对 EQO 地震级别的基于应力设计方法和应对 EQC 地震级别的基于位移设计方法。

在直角坐标系中，X 轴表示小车运行方向，Y 轴表示垂直方向，Z 轴表示大车运行方向。

规范所涉及的抗震符号定义见表 8–7。

LIFTECH CONSULTANTS INC 起重机抗震设计规范中的部分符号　　表 8–7

符号	定　义	备　注
F_y	制造起重机的钢材屈服应力	
F_{ym}	测试的钢材屈服应力	F_{ym} 是通过试件测试确定的；延性构件上的每块板均应采用三块试件测试；分析应基于 F_{ym} 或 $1.15F_{ym}$，以最小测试值为准
g	加速度，为 9.8m/s^2	
DL	起重机自重，包括所有永久性固定连接的机械与设备	
DLX DLZ	起重机在 X 方向 1g 加速度的荷载 起重机在 Y 方向 1g 加速度的荷载	正反方向都要考虑，加速度应沿起重机高度均匀加载，不考虑模型形状
TL	小车重量	小车处于最不利的位置
LS	起升系统重量	
LL	起重量	
TLX	小车在 X 方向 1g 加速度的荷载	正反方向均要考虑
TLZ	小车在 Z 方向 1g 加速度的荷载	

（1）应对 EQO 地震级别的基于应力设计方法

应对 EQO 地震级别的基于应力设计方法具有两种荷载组合形式，见表 8–8。EQO 应为 EQC 和表 8–8 中一种荷载组合形式的较小值（只选用其中一种荷载组合形式）。

荷载组合形式　　表 8–8

EQO1	DL + TL + LS + 0.5 LL + 0.30 （DLX + TLX） + 0.05 （DLZ + TLZ）
EQO2	DL + TL + LS + 0.5 LL + 0.10 （DLX + TLX） + 0.15 （DLZ + TLZ）

注：对于前大梁抬起状态，小车应位于初始位置，无起升荷载。

上述分析应基于起重机结构部分的弹性变形，计算出的应力不应超过结构的屈服应力，并按照规定检查板的弯曲情况。所有的过道、平台、起升机构、电缆及其他部件的设计要确保在 EQO 地震下不受到损坏。

（2）应对 EQC 地震级别的基于位移设计方法

此方法考虑表 8–9 所列的两种情况。

应对 EQC 地震级别的基于位移设计方法考虑的两种情况　　表 8–9

现　象	描　述
倾翻	起重机在陆侧、海侧或平横梁销侧倾翻
特殊力矩构架（SMF）	支腿产生塑性应力，可抵消部分起重机重力

①倾翻

当侧向地震力在 X 轴方向造成陆侧支腿或海侧支腿升高时，倾翻出现于 Z 轴方向。同样，当侧向地震力在 Z 轴方向造成左边（左边面对海）或右边的两个支腿升高时，倾翻出现于 X 轴方向。不考虑起重机的外形，倾翻的侧力应沿起重机高度均匀加载。

计算出的应力不应超过材料屈服应力的 0.90 倍，并按照规定检查板的弯曲情况。

如果结构在 $\pm Z$ 方向或 $\pm X$ 方向均可能发生倾翻，则无需考虑在轴方向产生的倾翻力矩。

②特殊力矩构架

对于 X 方向的荷载，应采用破坏分析法（也称为“推垮分析法”）进行结构分析，分析过程中的非线性屈服。

结构应能在 $\pm X$ 方向各移动 30in（0.76m），总共移动 60in（1.52m），在大梁上的结构应变不应超过屈服应变的 6 倍。

如果起重机在屈服前已在 X 轴方向倾翻，则无需 SMF 用于抵抗 Z 轴方向的力，此种状态下，倾翻分析已足够。但是，倾翻力矩应为 Z 轴方向倾翻力矩的 0.3 倍与 X 轴倾翻力矩的组合。构件间所有的连接都应设计成为应力构件全塑性强度的 1.3 倍。

8.5　我国规范中关于起重机地震荷载的规定

我国对 1975 年 2 月辽宁海城地震和 1976 年 7 月河北唐山地震的影响区鞍山、营口、大石桥、海城及唐山、丰南、天津、塘沽、汉沽、北京等地进行了震害调查，结果表明，除少量起重机由于厂房全部或局部倒塌而被砸受损外，大部分起重机仍能照常使用。唐山地震时，20/60t 门式起重机正常作业，震后检查未见损坏，另一台 TQ1000/60 塔式起重机震后，其平衡臂略有轻微损坏。

汶川地区发生 8.0 级灾难性大地震后，其中多个建筑工地的塔式起重机（以下简称塔机）出现了不同程度的损坏。根据调查统计，汶川地震造成西安及周边地区近 30 台塔机发生严重损毁，仅西安市区就有 5 台倒塌，9 台出现了不同部位的断裂，14 台出现较大弯曲变形，还有 100 多台塔机发生不同形式与程度的故障。

因此，对安装在震区的大高度起重机（特别是固定塔式起重机）必须考虑水平作用的地震荷载。交通运输部水运司编写的《港口起重运输机械设计手册》中规定地震荷载按式（8-12）计算：

$$P_E = k_1 G \tag{8-12}$$

式中：G——起重机自重荷载；

k_1——地震荷载系数，与地震烈度有关，见表 8-10。

地震荷载系数　　表 8-10

地震烈度（度）	7	8	9	10	11	12
k_1	1/40	1/20	1/10	1/4	1/2	>1/2

验算地震荷载作用时，若起重机空载或静止不动，则不考虑风荷载。地震荷载作用下产生的水平加速度，受起重机驱动车轮与轨道间的黏着力或制动转矩的限制。对无轨移动

式起重机，无需考虑地震荷载的作用。

我国《起重机设计规范》(GB/T 3811—2008) 指出：只有它们会构成重大危险时（如对核电站起重机或其他特殊场合工作的很重要的起重机），才考虑这类基础外部激励引起的荷载。

8.6 其他国家关于起重机地震荷载的规定

《欧洲起重机设计规范》(FEM) 中规定：一般来说，无需对起重机械的结构进行地震影响核算。

8.7 我国其他行业抗震规范

8.7.1 我国建筑结构行业抗震规范

我国建筑行业有专门的抗震设计规范，即《建筑抗震设计规范》(GB 50011—2010)。

(1) 各类建筑结构的地震作用，应符合下列规定：

①一般情况下，应允许在建筑结构的两个主轴方向分别计算水平地震作用并进行抗震验算，各方向的水平地震作用应由该方向抗侧力构件承担。

②有斜交抗侧力构件的结构，当相交角度大于 15° 时，应分别计算各抗侧力构件方向的水平地震作用。

③对于质量和刚度分布明显不对称的结构，应计入双向水平地震作用下的扭转影响；其他情况，应允许采用调整地震作用效应的方法计入扭转影响。

④对于设计抗震烈度为 8 度、9 度时的大跨度和长悬臂结构及设计抗震烈度为 9 度时的高层建筑，应计算竖向地震作用。

注：8 度、9 度时采用隔震设计的建筑结构，应按有关规定计算竖向地震作用。

(2) 各类建筑结构的抗震计算，应采用下列方法：

①高度不超过 40m、以剪切变形为主且质量和刚度沿高度分布比较均匀的结构，以及近似于单质点体系的结构，可采用底部剪力法等简化方法。

②除第①条外的建筑结构，宜采用振型分解反应谱法。

③对特别不规则的建筑、甲类建筑和表 8-11 所列高度范围的高层建筑，应采用时程分析法进行多遇地震下的补充计算，可取多条时程曲线计算结果的平均值与振型分解反应谱法计算结果的较大值。

采用时程分析的房屋高度范围　　表 8-11

烈度与场地类型	房屋高度范围（m）
8 度 I、II 类场地和 7 度	>100
8 度 III、IV 类场地	>80
9 度	>60

采用时程分析法时，应按建筑场地类别和设计地震分组选用不少于两组的实际强震记录和一组人工模拟的加速度时程曲线，其平均地震影响系数曲线应与振型分解反应谱法所采用的地震影响系数曲线在统计意义上相符，其加速度时程的最大值可按表 8-12 采用。在进行弹性时程分析时，每条时程曲线计算所得结构底部剪力不应小于振型分解反应谱法计算结果的 65%，多条时程曲线计算所得结构底部剪力的平均值不应小于振型分解反应谱法计算结果的 80%。

时程分析所用地震加速度时程曲线的最大值（cm/s^2）　　表 8-12

地震影响	6 度	7 度	8 度	9 度
多遇地震	18	35（55）	70（110）	140
罕遇地震	—	220（310）	400（510）	620

注：括号内数值分别用于设计基本地震加速度为 0.15g 和 0.30g 的地区。

8.7.2　我国铁路工程桥梁行业抗震规范

《铁路工程抗震设计规范》（GB 50111—2006）（2009 年版）对铁路工程桥梁行业抗震要求具有如下规定。

8.7.2.1　一般规定

（1）应用范围：适用于跨度小于 150m 的钢梁及跨度小于 120m 的铁路钢筋混凝土和预应力混凝土等梁式桥的抗震设计。

（2）设防烈度为 7、8、9 度的桥梁和位于 6 度区的 B 类桥梁，以及Ⅲ、Ⅳ类场地的 C 类桥梁，均应按下列要求进行抗震验算：

按多遇地震进行桥墩、基础强度、偏心及稳定性验算；按设计地震验算上、下部结构连接构造的强度；按罕遇地震对钢筋混凝土桥墩进行延性验算或最大位移分析。

不同结构桥梁的抗震设计内容应符合表 8-13 的规定。

桥梁抗震设计验算内容　　表 8-13

结构形式		多遇地震	设计地震	罕遇地震
简支梁桥	混凝土桥墩	墩身及基础：强度、偏心及稳定性验算	验算连接构造	一般不验算，但应增设护面钢筋
	钢筋混凝土桥墩	墩身及基础：强度、偏心及稳定性验算	验算连接构造	可按简化法进行延性验算
其他梁式桥及 B 类桥梁		墩身及基础：强度、偏心及稳定性验算	验算连接构造	钢筋混凝土桥墩：按非线性时程反应分析法进行下部结构延性验算或最大位移分析

注：对于简支或连续梁桥的上部结构可不进行抗震强度和稳定性验算，但应采取抗震措施。

（3）在进行桥梁抗震设计时，应结合地形、地质条件、构造特点、工程规模及震害经验等因素，确定桥型及墩台、基础形式。当桥梁必须穿越地震断层时，宜采用小跨度、低墩高的简支梁桥。

（4）计算桥梁的地震作用时，应符合下列规定：

①计入地基变形的影响。

②在进行桥梁抗震验算时，应分别计算顺桥向和横桥向的水平地震作用。对于抗震设防烈度为 9 度的悬臂结构和预应力混凝土钢构桥等，还应计入竖向地震作用的影响。竖向地震作用可按结构恒载和活载总和的 7% 计入，或按水平地震基本加速度 α 值的 65% 进行动力分析。

③桥梁抗震验算的荷载，应采用地震作用与表 8−14 所列的荷载进行最不利的组合。

桥梁荷载 表 8−14

荷载分类	荷载名称	荷载分类	荷载名称
恒载	结构自重	活载	列车竖向静活载
	土压力		离心力
	静水压力及浮力		列车活载产生的土压力

注：1. 双线桥只考虑单线活载。
2. 验算桥墩台时，应采用常水位设计。常水位包括地表水和地下水。

④桥梁抗震验算，应分别按有车、无车两种情况进行计算；当桥上有车时，顺桥向不计算活载引起的地震；横活载计入 50% 活载引起的地震力，作用于轨顶以上 2m 处，活载竖向力按列车竖向静活载的 100% 计算。

（5）桥梁下部结构抗震验算应符合下列规定：

①基础底面的合力偏心距 e 应符合表 8−15 的规定。

基础底面的合力偏心距 e 表 8−15

地基土	e	地基土	e
未风化至弱风化的硬质岩石	$\leqslant 2.0\rho$	基本承载力 σ_0>200kPa 的土层	$\leqslant 1.2\rho$
上项以外的其他岩石	$\leqslant 1.5\rho$	基本承载力 $\sigma_0 \leqslant$ 200kPa 的土层	$\leqslant 1.0\rho$

注：表中 ρ 为基础底面计算方向的核心半径。

②砌体及混凝土墩身截面合力偏心距 e 应符合表 8−16 的规定。

砌体及混凝土墩身截面合力偏心距 e 表 8−16

截面形状	e	截面形状	e
矩形及其他形状	$\leqslant 0.8S$	圆形	$\leqslant 0.7S$

注：S 为截面形心至最大压应力边缘的距离。

③建筑材料的容许应力修正系数，应按规范规定采用。

④滑动稳定系数不应小于 1.1。

⑤倾覆稳定系数不应小于 1.3。

8.7.2.2 桥墩抗震分析法

一般情况下，简支梁桥墩抗震分析可采用单墩力学模型计算，梁部应只计质量影响；也可采用全桥力学模型进行计算，并计入梁部及桥面系刚度影响。

多遇地震作用下，桥墩抗震计算可采用反应谱法。对于 B 类桥梁或采用减隔震装置的桥梁，除按反应谱法计算外，还应选用符合抗震设计要求的地震波，采用时程反应法进行分析。在罕遇地震作用下，应采用非线性时程反应分析法，对钢筋混凝土桥墩可按《铁路工程抗震设计规范》（GB 5001—2006）（2009 年版）附录 F 的简化方法进行延性验算。

不同水准地震作用下，水平地震基本加速度 α 取值应按表 8-17 采用。地震动反应谱特征周期 T_g 应根据地面类别和地震动参数区划按表 8-22 取值。

水平地震基本加速度 α 值 表 8-17

设防烈度	6 度	7 度		8 度		9 度
设计地震 A_g	0.05g	0.1g	0.15g	0.2g	0.3g	0.4g
多遇地震	0.02g	0.04g	0.05g	0.07g	0.1g	0.14g
罕遇地震	0.11g	0.21g	0.32g	0.38g	0.57g	0.64g

简支梁桥墩的水平地震作用，应符合下列规定：

（1）桥墩各段的地震作用，应位于其质心。梁体的地震作用顺桥向应位于支座中心，横桥向应位于梁高的 1/2 处。

（2）桥墩的地震作用应计入地基变形的影响。

（3）水平地震作用应按下列公式计算：

$$F_{ijE}=C_i\cdot\alpha\cdot\beta_j\cdot\gamma_j\cdot x_{ij}\cdot m_i \tag{8-13}$$

$$M_{ijE}=C_i\cdot\alpha\cdot\beta_j\cdot\gamma_j\cdot k_{fj}\cdot J_f \tag{8-14}$$

$$\gamma_j=\frac{\sum\limits_i m_i\cdot x_{ij}+m_f\cdot x_{fj}}{\sum\limits_i m_i\cdot x_{ij}^2+m_f\cdot x_{fj}^2+J_f\cdot k_{fj}^2} \tag{8-15}$$

式中：F_{ijE}——j 振型 i 点的水平地震力；

C_i——桥梁的重要性系数；

α——水平地震基本加速度；

β_j——j 振型动力放大系数，按自振周期 T_i 计算；

γ_j——j 振型参与系数；

x_{fi}——j 振型基础质心处的振型坐标；

m_f——基础的质量；

x_{ij}——j 振型在第 i 段桥墩质心处的振型坐标；

M_{ijE}——非岩石地基的基础或承台质心处 j 振型地震力矩；

k_{fj}——j 振型基础质心角变位的振型函数；

J_f——基础对其质心轴的转动惯量。

（4）地震作用效应弯矩、剪力、位移，一般情况下，可取前三阶振型耦合，并应按式（8-16）计算：

$$S_{iE}=\sqrt{\sum_{j=1}^{3}S_{ijE}{}^2} \tag{8-16}$$

式中：S_{iE}——地震作用下，i 点的作用效应弯矩、剪力、位移；

S_{ijE}——在 j 振型地震作用下，i 点的作用效应弯矩、剪力、位移。

（5）桥墩地震作用的简化计算方法可采用《铁路工程抗震设计规范》(GB 50111—2006)（2009 年版）附录 E。

梁式桥跨结构的实体桥墩，在常水位以下部分，当水深超过 5m 时，应计入地震动水压力对桥墩的作用。

钢筋混凝土桥墩延性设计和支座及桥台抗震设计分别按照《铁路工程抗震设计规范》(GB 50111—2006)（2009 年版）中 7.3 和 7.4 要求进行。

8.8 不同国家、不同行业地震荷载计算方法比较（表 8-18）

不同国家、不同行业地震荷载计算方法比较　　表 8-18

国家／行业	地震设计方法及地震荷载	应力评价
日本	修正烈度法规定的一级地震动的抗震设计： 水平地震荷载 $F_h = K_s \times$ 起重机自重 垂直地震荷载 $F_v = K_v \times$ 起重机自重 $K_v = K_s/2$	垂直动荷载、垂直静荷载、水平地震荷载和垂直地震荷载四种荷载的应力，应按照 SRSS 进行叠加，小于起重机规范中规定的容许应力值
	采用反应谱法或时程分析法的一级地震动抗震设计： 水平地震荷载通过使用适当的地震波，采用时程分析法得出；垂直地震荷载采用通过修正烈度法求得的地震荷载	
	非线性时程分析法的二级地震动的抗震设计： 使用适当的地震波，输入的地震动为一级地震动的 1.5 倍	起重机是否会出现崩塌或倒塌等结构不稳定事项，是否会出现危害人身安全或周围环境的事项
俄罗斯	水平地震荷载 $P = k_1 G$	
美国	应对 EQO 地震级别的基于应力设计方法： EQO_1=DL+TL+LS+0.5LL+0.30（DLX+TLX)+0.05（DLZ+TLZ) 或 EQO_2=DL+TL+LS+0.5LL+0.10（DLX+TLX）+0.15（DLZ+TLZ)	计算出的应力不应超过结构的屈服应力，并按照规定检查板的弯曲情况，所有的过道、平台、起升机构、电缆及其他部件的设计要确保在 EQO 地震下不受到损坏
	应对 EQC 地震级别的基于位移设计方法	计算出的应力不应超过材料屈服应力的 0.90 倍，并按照规定检查板的弯曲情况，构件间所有的连接都应设计成不大于应力构件的极限强度的 1.3 倍
中国	水平地震荷载 $P_E = k_1 G$	与其他荷载相组合，采用许用应力法或极限状态设计法，计算出的应力值应小于许用应力或相应的极限设计应力
欧洲国家	一般来说，无需对起重机械的结构进行地震影响核算	

续上表

<table>
<tr><th>国家／行业</th><th colspan="2">地震设计方法及地震荷载</th><th>应力评价</th></tr>
<tr><td rowspan="4">中国建筑结构行业</td><td>底部剪力法</td><td rowspan="4">建筑的重力荷载代表值为结构和构配件自重标准值及各可变荷载组合值之和</td><td rowspan="4">结构任一楼层的水平地震作用标准值的楼层剪力大于水平地震剪力；结构构件内力组合小于承载力设计值；楼层内最大弹性层间位移小于容许值</td></tr>
<tr><td>振型分解反应谱法</td></tr>
<tr><td>时程分析法</td></tr>
<tr><td>简化的弹塑性分析方法或弹塑性时程分析法</td></tr>
<tr><td rowspan="4">中国铁路工程桥梁行业</td><td>单墩力学法</td><td rowspan="4">水平地震作用：
$F_{ijE}=C_i\cdot\alpha\cdot\beta_j\cdot\gamma_j\cdot x_{ij}\cdot m_i$
$M_{ijE}=C_i\cdot\alpha\cdot\beta_j\cdot\gamma_j\cdot k_{fj}\cdot J_f$
$\gamma_j=\dfrac{\sum_i m_i\cdot x_{ij}+m_f\cdot x_{fj}}{\sum_i m_i\cdot x_{ij}^2+m_f\cdot x_{fj}^2+J_f\cdot k_{fj}^2}$</td><td rowspan="4">多遇地震桥墩、基础强度、偏心及稳定性，桥梁上、下部结构连接构造的强度，罕遇地震钢筋混凝土桥墩延性或最大位移符合要求</td></tr>
<tr><td>双墩力学法</td></tr>
<tr><td>时程反应分析法</td></tr>
<tr><td>非线性时程反应分析法</td></tr>
</table>

由于日本是环太平洋地震带国家，相对于其他国家，其在码头装卸设备地震荷载设计方法上更为全面，具有三种不同地震荷载设计方法：一级地震动修正烈度法、一级地震动反应谱法或时程分析法及二级地震动非线性时程分析法。而美国则分别针对两种地震级别（EQO 和 EQC）提出基于应力设计方法和基于位移设计方法。我国和俄罗斯均采用起重机自重与地震荷载系数的乘积作为地震荷载，与其他荷载相组合进行抗震设计，此方法相对于日本和美国的方法较为简单和实用。欧洲国家一般不进行地震荷载影响的核算。我国建筑结构行业、铁路工程桥梁等行业，由于其大范围涉及公民人身安全，则采用较为严格的地震荷载影响的核算，其设计方法也因行业不同而异。

综上所述，现今对地震荷载的计算方法主要有两种：一种是静力法，另一种是动力分析法。静力法是考虑地震产生的各种影响，将其等效为作用在起重机上的一个水平力和垂直力。动力分析法是输入一组随时间变化的地震反应谱，计算起重机的应力应变状态。由于每次地震产生的地震波并不相同，所以输入的设计反应谱不是单一的某个地震记录的谱曲线，而是综合各个地震记录，此种方法广泛应用于建筑、桥梁等行业，由于大范围涉及公民人身安全，建筑、桥梁等行业的地震荷载计算方法较为严格保守，且计算复杂，如对起重机按此种方法进行抗震设计，起重机的设计自重较大，不经济，因此，此方法不适用于起重机行业。

8.9 针对我国港口起重机的地震荷载计算方法研究

日本《起重机抗震设计规范》（JCAS 1101—2008）中一级地震动修正烈度法综合考虑了基本水平烈度、地域类型修正系数、地面类别修正系数、加速度倍率、起重机类别修正系数等多种因素的影响，分析全面，且计算简单可行，容易实现。在此基础上，根据我国实际情况，分析研究了我国港口起重机的地震荷载计算方法。

8.9.1 地域类别修正系数

我国地震烈度划分为 12 级（表 2–2），而日本则划分为 10 级（表 2–3），根据地震峰值加速度的划分范围对中日地震烈度进行对比，见表 8−19。

中日地震烈度对比 表 8−19

中国地震烈度	日本地震烈度	峰值加速度（m/s^2）
Ⅰ	0	<0.008
Ⅱ、Ⅲ	1	0.008 ～ 0.025
Ⅳ	2	0.025 ～ 0.08
Ⅴ	3	0.08 ～ 0.25
Ⅵ	4	0.25 ～ 0.8
Ⅶ	5^-（5 弱）	0.80 ～ 1.40
Ⅷ	5^+（5 强）、6^-（6 弱）	1.40 ～ 3.15
Ⅸ	6^+（6 强）	3.15 ～ 4.00
Ⅹ、Ⅺ、Ⅻ	7	>4.00

地域类别修正系数的地域划分是根据日本地震烈度区划分得出的，结合表 8−19，可确定地震烈度和地域类别之间的关系，见表 8−20。

地震烈度和地域类别关系 表 8−20

中国地震烈度	日本地震烈度	地 域 类 别
Ⅰ ～ Ⅵ	0 ～ 4	C 类区域
Ⅶ	5^-（5 弱）	B 类区域
Ⅷ	5^+（5 强）、6^-（6 弱）	A 类区域
Ⅳ ～ Ⅻ	6^+（6 强）、7	特 A 类区域

根据我国标准《中国地震动参数区划图》（GB 18306—2015）中表 D.1，可得与中国地震烈度对应的地域类别修正系数 β_1，见表 8−21。

与中国地震烈度对应的地域类别修正系数 表 8−21

中国地震烈度	峰值加速度	地域类别修正系数
Ⅰ ～ Ⅵ	$\leqslant 0.05g$	0.4
Ⅶ	$0.1g$、$0.15g$	0.6
Ⅷ	$0.2g$、$0.3g$	0.8
Ⅸ ～ Ⅻ	$\geqslant 0.4g$	1.0

8.9.2 地面类别修正系数

从《中国地震动参数区划图》（GB 18306—2015）图 B.1 可知，我国西部和华北大部特征周期为 0.40s 和 0.45s，其他地区特征周期为 0.35s。根据《中国地震动参数区划图》

(GB 18306—2015）中的场地基本地震动加速度反应谱特征周期调整表（表 8–22）可知，只有特征周期为 0.40s 和 0.45s 的地区场地类别为Ⅳ类时特征周期大于 0.75s。考虑我国港口分布情况，按偏危险设计原则，根据表 8–2，对我国而言，地面类别修正系数 β_2 取 1.6。

场地基本地震动加速度反应谱特征周期调整表 表 8–22

Ⅱ类场地基本地震动加速度反应谱特征周期分区值	场地类别				
	I_0	I_1	Ⅱ	Ⅲ	Ⅳ
0.35	0.20	0.25	0.35	0.45	0.65
0.40	0.25	0.30	0.40	0.55	0.75
0.45	0.30	0.35	0.45	0.65	0.90

8.9.3 加速度倍率

通过对多种类型不同参数的多个起重机按日本标准《起重机抗震设计规范》(JACS 1101—2008）计算其固有周期，得出小车运行方向加速度倍率 β_3 一般为 3.5（第二种地面)，大车运行方向加速度倍率相对较小，基于安全设计原则，取两个水平方向的加速度倍率 β_3 均为 3.5（第二种地面)，因此，加速度倍率 β_3 取为 3.5。

8.9.4 起重机类别修正系数

根据日本标准《起重机抗震设计规范》(JACS 1101—2008)，结合我国港口起重机是否具有驾驶室等实际情况及分类，得出港口起重机类别修正系数 β_4，见表 8–23。

港口起重机类别修正系数 表 8–23

起重机类别	β_4
装卸桥、门式起重机、桥式起重机	1.0
港口门座起重机 、港口台架起重机、固定式起重机、桅杆起重机、港口高塔柱式起重机	0.7
跨运车、正面吊运起重机、集装箱叉车、空箱堆高机	0.6
港口缆车起重机	0.5

8.9.5 设计水平烈度

设计水平烈度K_s：

$$K_s = K_o \cdot \beta_1 \cdot \beta_2 \cdot \beta_3 \cdot \beta_4 \tag{8–17}$$

$$K_o = 0.15$$

根据地域类别修正系数β_1、地面类别修正系数β_2、加速度倍率β_3、起重机类别修正系数β_4，可求解设计水平烈度K_s。港口起重机设计水平烈度见表 8–24。

港口起重机设计水平烈度　表 8-24

地震烈度（地震动峰值加速度） 起重机类别	Ⅰ～Ⅵ (≤ 0.05g)	Ⅶ (0.1g、0.15g)	Ⅷ (0.2g、0.3g)	Ⅸ～Ⅻ (≥ 0.4g)
装卸桥、门式起重机、桥式起重机	0.34	0.5	0.67	0.84
港口门座起重机 、港口台架起重机、固定式起重机、桅杆起重机、港口高塔柱式起重机	0.24	0.35	0.47	0.59
跨运车、正面吊运起重机、集装箱叉车、空箱堆高机	0.20	0.30	0.40	0.5
港口缆车起重机	0.17	0.25	0.34	0.42

注：当特征周期为 0.40s 和 0.45s 的地区场地类别为Ⅳ类时，港口起重机设计水平烈度可在此表数值基础上增大 30%。

8.9.6 设计垂直烈度

设计垂直烈度K_v：

$$K_v = \frac{K_s}{2} \tag{8-18}$$

8.9.7 地震荷载

地震荷载 F 由水平地震荷载F_h和垂直地震荷载F_v两部分组成：

水平地震荷载

$$F_h = K_s \times 起重机自重 \tag{8-19}$$

垂直地震荷载

$$F_v = K_v \times 起重机自重 \tag{8-20}$$

9 内河码头设备抗震分析实例

9.1 码头主要装卸设备概述

码头主要装卸设备包括前沿装卸设备和堆场装卸设备。码头前沿装卸设备主要有岸边起重机、门座起重机、固定式起重机等；堆场装卸设备主要有轨道式门式起重机、轮胎式门式起重机、正面吊、牵引车、跨运车等。其中，前沿装卸设备中，岸边起重机、门座起重机应用较广，岸边起重机前伸距大，起升高度高，但抗震性能较差。堆场装卸设备中，轨道式门式起重机和轮胎式门式起重机应用最广。随着经济的发展，我国内河码头也在向着专业化、现代化的方向发展，因此本书分别选取典型的码头前沿和堆场装卸设备（即岸边集装箱起重机和轨道式门式起重机）为例，结合前文中的起重机地震荷载计算方法进行抗震性能分析。

9.1.1 岸边集装箱起重机概述

岸边集装箱起重机是用来在岸边对船舶上的集装箱进行装卸的设备，还可以通过吊钩梁进行重件、件杂货的装卸作业。岸边集装箱起重机的装卸能力和速度直接决定码头的作业生产率，因此岸边集装箱起重机是码头集装箱装卸的主力设备，见图 9-1。

图 9-1 岸边集装箱起重机

岸边集装箱起重机主要由起升机构、前大梁俯仰机构、运行小车系统、大车行走机构、辅助机构、机器房和附属设备、金属结构组成。

（1）起升机构：是实现集装箱和吊具吊梁升降运动的机构，是岸边集装箱起重机最主要的工作机构，一般由起升绞车、相应的联轴器、制动器、减速器等部件组成。

（2）前大梁俯仰机构：是实现前大梁绕大梁绞点作俯仰运动的机构，俯仰机构由电机驱动，通过联轴器，经减速器等传动装置驱动钢丝绳卷筒动作实现前大梁的俯仰运动。

（3）运行小车系统：是实现集装箱或吊具吊梁作水平往复运动的机构总成，包括运行小车总成、运行小车驱动机构、小车钢丝绳卷绕和安全保护装置等。

（4）大车行走机构：是实现整机沿着码头前沿轨道作水平运动的机构，大车行走机构由设在门框下的4组行走台车组成，每组台车有8 ～ 12个车轮，行走台车通过中间平衡梁、大平衡梁再与门框的下横梁铰接，这样，整个岸边集装箱起重机的重量通过4个支点均布到行走台车上。

（5）辅助机构：包括吊具旋转装置、减摇装置、应急机构、安全钩装置、托绳装置、挂舱保护装置、减震装置等。

吊具旋转装置是使吊具在水平面内作一定角度的回转，并在左右和前后方向作一定角度的倾转，确保吊具迅速、准确地对箱。

减摇装置是使集装箱吊具的摆动迅速衰减，让集装箱吊具在尽可能短的时间内恢复到静止状态（平衡位置）或摆幅减小到允许范围内，从而提高作业效率。

应急机构是当码头高压断电，或电控系统出现故障时，利用码头备用交流电源，通过手动的连接方法，将应急机构连接到原有的驱动机构上，使岸桥脱离作业位置，回到停机安全位置。

安全钩装置是当大梁仰起到80° 左右位置时，安全钩装置将大梁锁定，它可以是自动的，也可以是手动的。

（6）机器房和附属设备：机器房的作用是保证岸边集装箱起重机的工作机构能在一个全天候、防尘、防雨、防晒、防热、空气流通的良好环境下工作。机器房内主要布置三大系统机构。机器房的附属设备有：通风设备、换绳装置、空气压缩机、维修用起重设备、钳工工作台、工具和设备柜、灭火器、吊装孔、盖、护栏、门窗等。

（7）金属结构：是用来支承荷载起骨架作用，并构造作业空间。它使荷载从作业点传递到支承点，最后传到地面或基础结构，因此金属结构必须保证足够的强度、刚度和稳定性。

岸边集装箱起重机金属结构主要由大梁系统、门架系统和拉杆系统组成。岸边集装箱起重机的金属结构示意如图9−2所示。

岸边集装箱起重机伴随着集装箱运输船舶大型化的蓬勃发展和技术进步不断更新换代，科技含量越来越高，正朝着大型化、高速化、自动化、智能化，以及高可靠性、长寿命、低能耗、环保型方向发展。

9.1.2 轨道式门式起重机概述

轨道式门式起重机是用来在码头堆场进行堆码作业的，可以用来装卸集装箱，也可以用来装卸件杂货，是目前码头上常用的一种堆场起重机，具有较大的跨度和高度，堆场覆盖面大，作业效率高，维修方便易行。

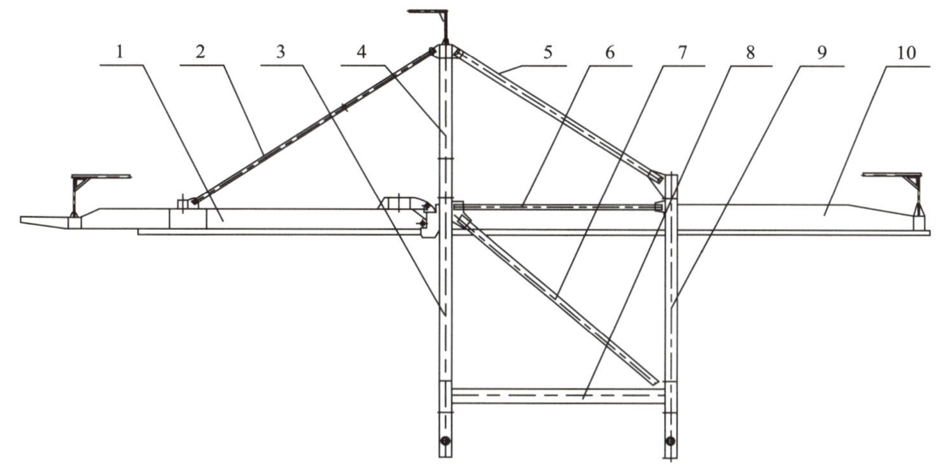

图 9–2　岸边集装箱起重机金属结构示意图

1- 前大梁；2- 前拉杆；3- 前门框；4- 梯形门架；5- 后拉杆；6- 横拉杆；7- 斜拉杆；8- 下横梁；9- 后门框；10- 后大梁

由于轨道式门式起重机（图 9–3）在固定的轨道上行走，大车、小车运行均比较平稳；同时，全部以电为动力、用电控制，便于采用自动控制技术，从指挥调度、起吊、找位到堆码箱，全过程可以实现自动化，甚至无人操作。随着节能减排工作成为国家发展战略，轨道式集装箱门式起重机也成为《国家节能技术政策大纲》以及《关于港口节能减排工作的指导意见》中倡导使用的节能设备，受到越来越多的集装箱码头、科研院所及设备制造厂商的关注。

图 9–3　轨道式门式起重机

轨道式门式起重机主要由起升机构、小车运行机构、大车运行机构、金属结构等组成。按结构形式分为带外伸和不带外伸两种。其跨距由 20 ~ 60m 均有应用。

（1）起升机构：是实现货物和吊具吊梁升降运动的机构，一般是由直流或交流电动机、齿轮联轴器、盘式或块式制动器、减速器、减速器与卷筒之间的联轴器、双联卷筒和轴承座组成。由起升钢丝绳、滑轮与吊具滑轮组组成一组绕绳系统。

（2）小车运行机构：是实现货物或吊具吊梁作水平往复运动的机构，一般由直流或交流电动机、齿轮联轴器、块式或盘式制动器、中硬齿面减速器、低速齿轮联轴器和车轮及车轮支承组成。

（3）大车运行机构：是实现整机沿着堆场轨道作水平运动的机构，大车行走机构由 4 组行走台车组成。

（4）回转和减摇装置：对于钢丝绳卷筒式起升机构，平面回转机构由钢丝绳、滑轮组、钢丝绳连接接头和铰点、摇臂及支座、推杆等组成。推杆有螺杆和油缸两种类型。减摇装置包括钢丝绳减摇装置、力矩电机式减摇装置、液压马达力矩减摇装置。

（5）金属结构：轨道式门式起重机金属结构主要由主梁结构、门腿结构、小车结构、辅助结构等组成。金属结构必须保证足够的强度、刚度和稳定性。轨道式门式起重机的金属结构如图 9-4 所示。

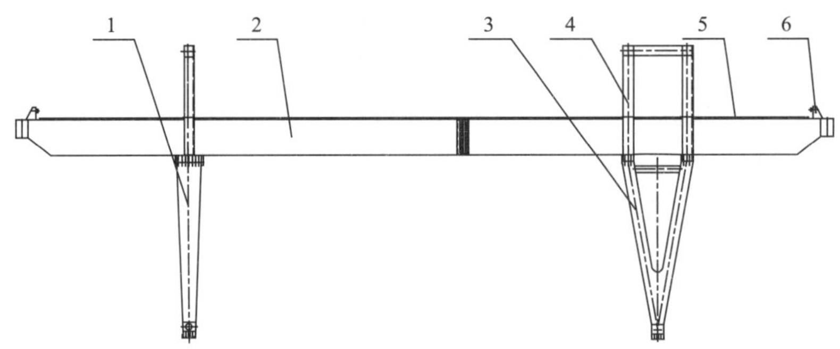

图 9-4　轨道式门式起重机金属结构

1- 柔性腿；2- 主梁结构；3- 刚性腿；4- 马鞍架；5- 小车轨道；6- 缓冲器座

9.2　码头装卸设备抗震性能分析

在第 8 章中，通过对比日本、俄罗斯、美国和欧洲国家的码头装卸设备地震荷载计算方法，分析比较建筑结构、铁路工程桥梁结构的抗震规范，得出地震荷载的计算方法主要有两种：一种是静力法，一种是动力分析法。静力法是考虑地震产生的各种影响，将其等效为作用在起重机上的一个水平力和垂直力。动力分析法是输入一组随时间变化的地震反应谱，由于每次地震产生的地震波并不相同，所以输入的设计反应谱不是单一的某个地震记录的谱曲线，而是综合各个地震记录，这种方法广泛应用于建筑、桥梁等行业，计算较为严格保守，而且这种方法计算复杂，如果对起重机按此方法进行抗震计算，设计出的起重机自重较大，经济性差，而且需找出一种专门针对起重机行业的设计地震反应谱。而静力法计算简单，可操作性强，因此本章将应用第 8 章给出的地震荷载计算方法分别对岸边集装箱起重机和轨道式门式起重机进行抗震性能分析。

本章中进行抗震性能分析的设备安装于宜宾港，根据《中国地震动参数区划图》（GB 18306—2015）查得宜宾港地震动峰值加速度为 $0.1g$，确定其地震烈度为Ⅶ度。

根据表 8-24，可得位于宜宾港的岸边集装箱起重机和轨道式门式起重机的设计水平烈度和设计垂直烈度分别为：

设计水平烈度K_s：$K_s = 0.5$。

设计垂直烈度K_v：$K_v = K_s/2 = 0.25$。

9.2.1 岸边集装箱起重机抗震性能分析

（1）主要技术参数

40t-22m 岸边集装箱起重机的主要技术参数见表 9-1。

40t-22m 岸边集装箱起重机的主要技术参数 表 9-1

序 号	描 述	技 术 参 数
1	起重量	吊具下 40t，吊钩下 45t
2	起升高度	轨面上 13m，轨面下 22m
3	轨距	16m
4	基距	18.4m
5	前伸距	22m
6	后伸距	8m
7	起升速度	满载 40m/min，空载 80m/min
8	小车运行速度	满载 80m/min，空载 100m/min
9	大车运行速度	40m/min
10	俯仰时间	单程 6min

（2）计算工况

按照《起重机设计规范》（GB 3811—2008）的要求来确定 40t-22m 岸边集装箱起重机的计算工况。根据小车在主梁上的不同位置，分 4 大类 18 种工况进行计算。由于计算目的是分析地震荷载对设备的影响，因此，所有工况均不考虑风荷载。18 种计算工况见表 9-2。

40t-22m 岸边集装箱起重机的计算工况 表 9-2

序号	工 况 说 明	计 算 目 的
A．小车位于前伸距 22m 处，吊具下满载 40t		
A1	不考虑大车自重，考虑小车自重、起升荷载，无动载系数	计算小车 + 吊重引起的前大梁端部变形
A2	考虑大车自重、小车自重、起升荷载，无动载系数	1. 计算大车 + 小车 + 吊重引起的变形 2. 由此引起的最大应力

续上表

序号	工 况 说 明	计 算 目 的
A3	考虑大车自重、小车自重、起升荷载、动载系数	1. 计算大车＋小车＋吊重引起的变形 2. 由此引起的最大应力
A4	考虑大车自重、小车自重、起升荷载、小车运行方向（$-X$）水平地震荷载、垂直方向（$-Y$）地震荷载	1. 计算大车＋小车＋吊重＋地震荷载引起的变形 2. 由此引起的最大应力
A5	考虑大车自重、小车自重、起升荷载、大车运行方向（$-Z$）水平地震荷载、垂直方向（$-Y$）地震荷载	1. 计算大车＋小车＋吊重＋地震荷载引起的变形 2. 由此引起的最大应力
B. 小车位于后伸距 8m 处，吊具下满载 40t		
B1	不考虑大车自重，考虑小车自重、起升荷载，无动载系数	计算小车＋吊重引起的后大梁端部变形
B2	考虑大车自重、小车自重、起升荷载，无动载系数	1. 计算大车＋小车＋吊重引起的变形 2. 由此引起的最大应力
B3	考虑大车自重、小车自重、起升荷载、动载系数	1. 计算大车＋小车＋吊重引起的变形 2. 由此引起的最大应力
B4	考虑大车自重、小车自重、起升荷载、小车运行方向（$-X$）水平地震荷载、垂直方向（$-Y$）地震荷载	1. 计算大车＋小车＋吊重＋地震荷载引起的变形 2. 由此引起的最大应力
B5	考虑大车自重、小车自重、起升荷载、大车运行方向（$-Z$）水平地震荷载、垂直方向（$-Y$）地震荷载	1. 计算大车＋小车＋吊重＋地震荷载引起的变形 2. 由此引起的最大应力
C. 小车位于跨中，吊具下满载 40t		
C1	不考虑大车自重，考虑小车自重、起升荷载，无动载系数	计算小车＋吊重引起的跨中的变形
C2	考虑大车自重、小车自重、起升荷载，无动载系数	1. 计算大车＋小车＋吊重引起的变形 2. 由此引起的最大应力
C3	考虑大车自重、小车自重、起升荷载、动载系数	1. 计算大车＋小车＋吊重引起的变形 2. 由此引起的最大应力
C4	考虑大车自重、小车自重、起升荷载、小车运行方向（$-X$）水平地震荷载、垂直方向（$-Y$）地震荷载	1. 计算大车＋小车＋吊重＋地震荷载引起的变形 2. 由此引起的最大应力
C5	考虑大车自重、小车自重、起升荷载、大车运行方向（$-Z$）水平地震荷载、垂直方向（$-Y$）地震荷载	1. 计算大车＋小车＋吊重＋地震荷载引起的变形 2. 由此引起的最大应力
D. 停机状态，小车位于后门框上方，空载		
D1	考虑大车自重、小车自重	1. 计算大车＋小车引起的变形 2. 由此引起的最大应力
D2	考虑大车自重、小车自重、小车运行方向（$-X$）水平地震荷载、垂直方向（$-Y$）地震荷载	1. 计算大车＋小车＋地震荷载引起的变形 2. 由此引起的最大应力
D3	考虑大车自重、小车自重、大车运行方向（$-Z$）水平地震荷载、垂直方向（$-Y$）地震荷载	1. 计算大车＋小车＋地震荷载引起的变形 2. 由此引起的最大应力

（3）有限元模型

利用 ANSYS 软件进行计算，在结构分析模型中，对结构进行了适当和必要的简化，并忽略了对结构强度、刚度计算影响很小的一些因素，所有的简化都是偏于安全的，整机结构采用 Beam188 三维梁单元。

坐标轴如图 9–5 所示，小车向陆侧运动方向为 X 轴正向，竖直向上为 Y 轴正向，大车轨道方向为 Z 轴，符合右手定则。

岸边集装箱起重机结构的有限元计算模型如图 9–5 所示。

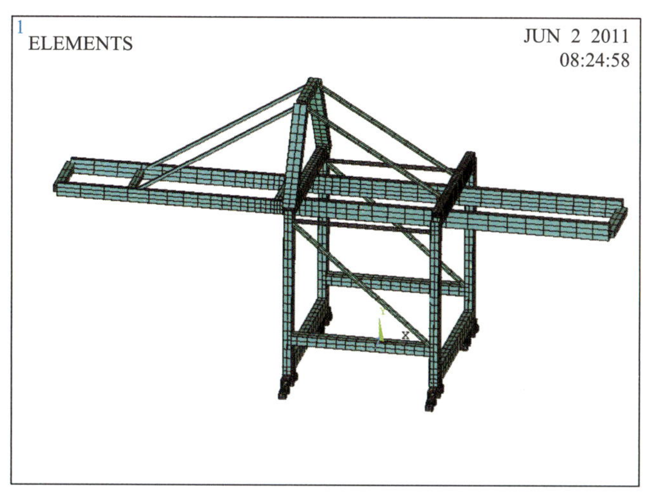

图 9–5 岸边集装箱起重机有限元计算模型

(4) 计算结果

在 ANSYS 中对 18 种工况进行了计算，计算结果见表 9–3。

计 算 结 果 表 9–3

工 况	最大应力(MPa)	最大应力位置	竖直方向最大变形（mm）	小车运行方向最大变形 / 大车运行方向最大变形（mm）
A. 小车位于前伸距 22m 处，吊具下满载 40t				
A1	—	—	63.66，前伸有效位置 22m 处的下挠为 39.08	17/3
A2	93	后拉杆与后门框上横梁连接处	84.9	25/2.7
A3	109	后拉杆与后门框上横梁连接处	106.8	31.5/3.9
A4	111	后拉杆与后门框上横梁连接处	108.3	35.7/3.9
A5	110	后拉杆与后门框上横梁连接处	107.6	32.1/20.8
B. 小车位于后伸 8m 处，吊具下满载 40t				
B1	—	—	89.2，后伸有效位置 8m 处的下挠为 46.17	9.2/3.8
B2	119	后大梁与门框连接的根部	124.2	6.6/4.2
B3	147	后大梁与门框连接的根部	155.1	9.3/5.5
B4	148	后大梁与门框连接的根部	155.1	9.5/5.5
B5	149	后大梁与门框连接的根部	156.0	9.8/20.8

续上表

工　况	最大应力(MPa)	最大应力位置	竖直方向最大变形（mm）	小车运行方向最大变形／大车运行方向最大变形（mm）
C．小车位于跨中，吊具下满载 40t				
C1	—	—	9.3	1.8/1.5
C2	51.9	江侧大车平衡梁	10.7	6.7/1.9
C3	54.7	江侧大车平衡梁	13.8	6.8/2.4
C4	60.1	江侧大车平衡梁	13.9	10.7/2.5
C5	57.6	江侧大车平衡梁	14.0	7.5/20.9
D．停机状态，小车位于后门框上方，空载				
D1	45.4	后拉杆与后门框上横梁连接处	36.4	5.8/1.4
D2	50.3	江侧支腿根部	36.4	9.9/1.4
D3	48.0	江侧支腿根部	37.3	6.4/20.9

（5）结论分析

①该岸边集装箱起重机各工况下的应力均小于许用应力，满足强度要求。图 9–6 为工况 B5 的整机结构应力云图。

②当施加大车运行方向的地震荷载和垂直地震荷载后，大车运行方向的水平变形明显增大，最大水平变形位于前大梁端部。图 9–7 为工况 A5 的整机结构大车运行方向变形云图（俯视图）。由此可知，大车运行方向的水平地震荷载对结构的水平变形影响较大，所以设计时可采取适当的措施保证前大梁前端具有足够的水平刚度，以抵御地震荷载造成的水平变形，防止小车脱轨。

③ D 工况计算结果显示，考虑地震荷载后，整机结构的最大应力位置（工况 D1）由原来的后拉杆与后门框上横梁连接处转移到了江侧支腿根部位置（工况 D2，考虑岸桥前伸距较大，选取最不利的荷载组合，地震荷载方向为 $-X$）。由此可以判定，地震荷载对支腿根部影响最大，设计时需考虑地震对支腿根部结构的影响。图 9–8 为工况 D1 的整机结构应力云图，图 9–9 为工况 D2 的整机结构应力云图。

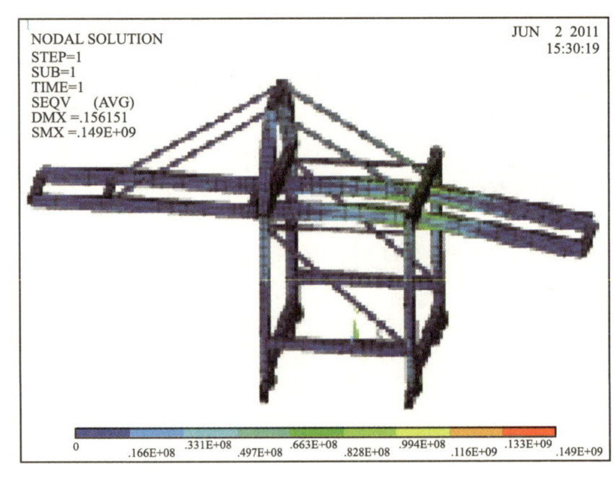

图 9–6　工况 B5 的整机结构应力云图

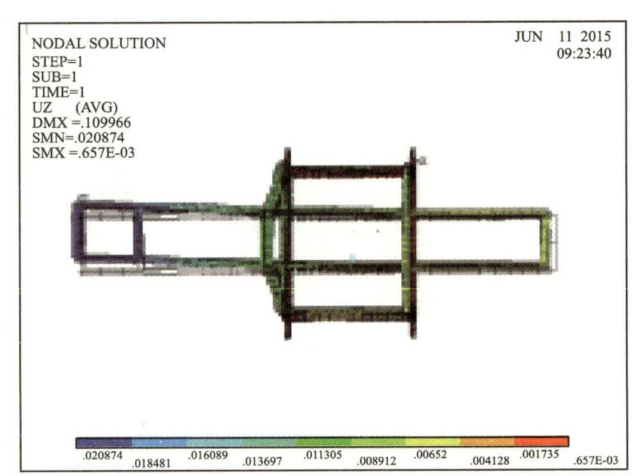

图 9–7　工况 A5 的整机结构大车运行方向变形云图（俯视图）

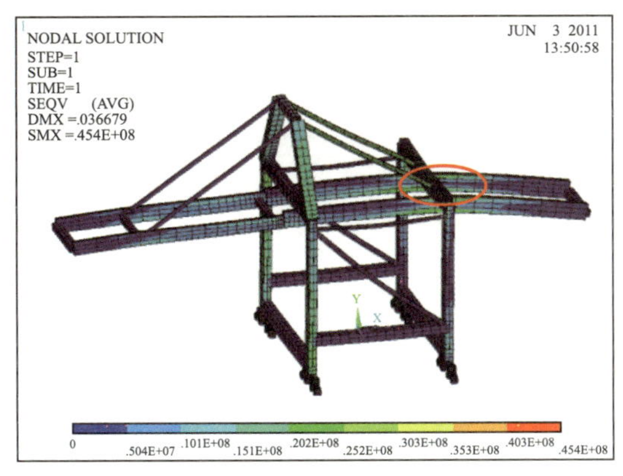

图 9-8 工况 D1 的整机结构应力云图

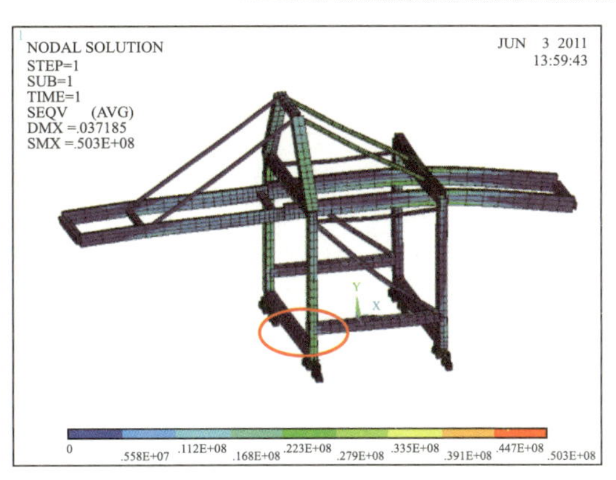

图 9-9 工况 D2 的整机结构应力云图

9.2.2 轨道式门式起重机抗震性能分析

(1) 主要技术参数(表 9-4)

40t-40m 轨道式门式起重机的主要技术参数 表 9-4

序 号	描 述	技 术 参 数
1	起重量	吊具下 40t
2	起升高度	16m
3	轨距	40m
4	基距	16.5m
5	起升速度	满载 25m/min，空载 43m/min
6	小车运行速度	满载 80m/min
7	大车运行速度	55m/min

(2) 计算工况

按照《起重机设计规范》(GB 3811—2008) 的要求来确定 40t-40m 轨道式门式起重机的计算工况，根据小车在主梁上的不同位置，分三大类 13 种工况进行计算。由于计算目的是分析地震荷载对设备的影响，因此，所有工况均不考虑风荷载。13 种计算工况见表 9-5。

计 算 工 况 表 9-5

序号	工 况 说 明	计 算 目 的
A. 小车位于跨中，吊具下满载 40t		
A1	不考虑大车自重，考虑小车自重、起升荷载，无动载系数	计算小车 + 吊重引起的跨中变形
A2	考虑大车自重、小车自重、起升荷载，无动载系数	1. 计算大车 + 小车 + 吊重引起的变形 2. 由此引起的最大应力
A3	考虑大车自重、小车自重、起升荷载、动载系数	1. 计算大车 + 小车 + 吊重引起的变形 2. 由此引起的最大应力

续上表

序号	工况说明	计算目的
A4	考虑大车自重、小车自重、起升荷载、小车运行方向（$-X$）水平地震荷载、垂直方向（$-Z$）地震荷载	1. 计算大车＋小车＋吊重＋地震荷载引起的变形 2. 由此引起的最大应力
A5	考虑大车自重、小车自重、起升荷载、大车运行方向（$-Y$）水平地震荷载、垂直方向（$-Z$）地震荷载	1. 计算大车＋小车＋吊重＋地震荷载引起的变形 2. 由此引起的最大应力
B．小车位于悬臂梁端 10m 处，吊具下满载 40t		
B1	不考虑大车自重，考虑小车自重、起升荷载，无动载系数	计算小车＋吊重引起的悬臂梁端部变形
B2	考虑大车自重、小车自重、起升荷载，无动载系数	1. 计算大车＋小车＋吊重引起的变形 2. 由此引起的最大应力
B3	考虑大车自重、小车自重、起升荷载、动载系数	1. 计算大车＋小车＋吊重引起的变形 2. 由此引起的最大应力
B4	考虑大车自重、小车自重、起升荷载、小车运行方向（$-X$）水平地震荷载、垂直方向（$-Z$）地震荷载	1. 计算大车＋小车＋吊重＋地震荷载引起的变形 2. 由此引起的最大应力
B5	考虑大车自重、小车自重、起升荷载、大车运行方向（$-Y$）水平地震荷载、垂直方向（$-Z$）地震荷载	1. 计算大车＋小车＋吊重＋地震荷载引起的变形 2. 由此引起的最大应力
C．停机状态，小车位于刚性腿上方，空载		
C1	考虑大车自重、小车自重	1. 计算大车＋小车引起的变形 2. 由此引起的最大应力
C2	考虑大车自重、小车自重、小车运行方向（$-X$）水平地震荷载、垂直方向（$-Z$）地震荷载	1. 计算大车＋小车＋地震荷载引起的变形 2. 由此引起的最大应力
C3	考虑大车自重、小车自重、大车运行方向（$-Y$）水平地震荷载、垂直方向（$-Z$）地震荷载	1. 计算大车＋小车＋地震荷载引起的变形 2. 由此引起的最大应力

（3）有限元模型

利用 ANSYS 软件进行计算，在结构分析模型中，对结构进行了适当和必要的简化，并忽略了对结构强度、刚度计算影响很小的一些因素，所有的简化都是偏于安全的，整机结构采用 Beam188 三维梁单元。

轨道式门式起重机的有限元计算模型见图 9-10。小车向刚性支腿运动方向为 X 轴正向，竖直向上为 Z 轴正向，大车轨道方向为 Y 轴，符合右手定则。

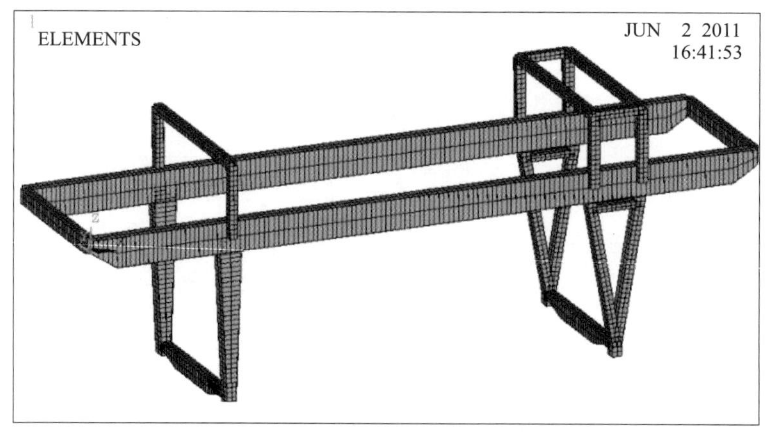

图 9-10 轨道式门式起重机有限元计算模型

（4）计算结果

利用 ANSYS 软件对 13 种工况进行计算，计算结果见表 9–6。

计 算 结 果 表 9–6

工况	最大应力（MPa）	最大应力位置	竖直方向最大变形（mm）	小车运行方向最大变形／大车运行方向最大变形（mm）
A．小车位于跨中，吊具下满载 40t				
A1	—	—	13.3	11.9/0.1
A2	41.8	主梁跨中	16.1	11.1/1.4
A3	47.2	主梁跨中	18.1	13.2/1.4
A4	53.3	柔性支腿与主梁连接处	18.9	20.1/1.4
A5	50.5	刚性支腿与主梁连接处	19.2	13.8/20.9
B．小车位于悬臂梁 10m 处，吊具下满载 40t				
B1	—	—	32.0，悬臂梁有效位置 10m 处变形 22.6	15.3/0.1
B2	75.9	悬臂梁根部	38.3	15.6/1.4
B3	84.9	悬臂梁根部	43.3	17.9/1.4
B4	85.6	悬臂梁根部	44.3	24.2/1.4
B5	90.2	悬臂梁根部	44.6	18.2/20.9
C．停机状态，小车位于刚性腿上方，空载				
C1	20.4	刚性支腿上方与主梁连接处	6.3	0.7/1.4
C2	23.6	刚性支腿上方与主梁连接处	7.0	4.9/1.4
C3	31.7	刚性支腿下方	6.8	1.0/14.9

（5）结论分析

①该轨道式集装箱门式起重机各工况下的应力均小于许用应力，满足强度要求。其中，工况 B5 应力最大，图 9–11 为工况 B5 的整机结构应力云图。

②由三大类工况分析均可得出，当施加大车运行方向的水平地震荷载时，沿大车方向的水平变形明显增大，主梁的水平变形也明显增大，如图 9–12 所示。因此，对于中大跨距的轨道式集装箱门式起重机，地震荷载对其主梁水平刚度影响较大，设计时应保证主梁具有足够的水平刚度，以抵御地震荷载造成的水平变形，防止小车脱轨。

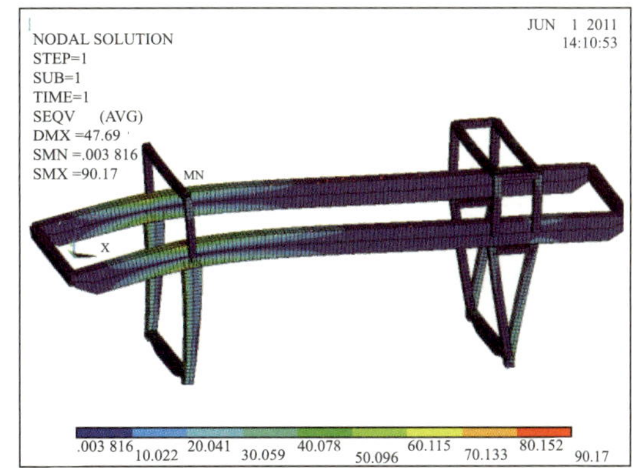

图 9–11 工况 B5 的整机结构应力云图

③当施加小车运行方向的地震荷载时，沿小车运行方向的水平变形有所增大，如图 9−13 所示。

④ A 工况中，施加地震荷载后，最大应力位置由跨中转移到支腿和主梁连接处，如图 9−14 和图 9−15 所示。由此可知，地震荷载对支腿与主梁连接处影响较大，因此，设计时需特别考虑此处的连接形式，以保证其具有足够的强度。

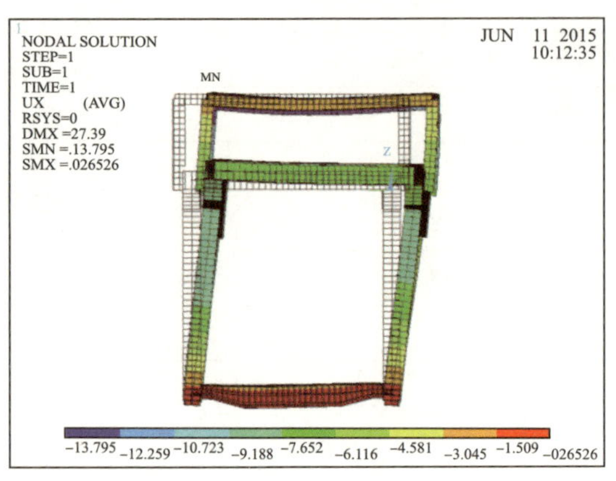

图 9−12 工况 A5 的大车运行方向变形云图

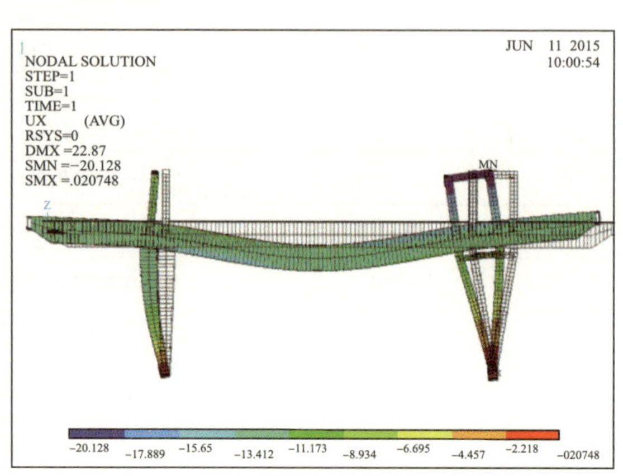

图 9−13 工况 A4 的小车运行方向变形云图

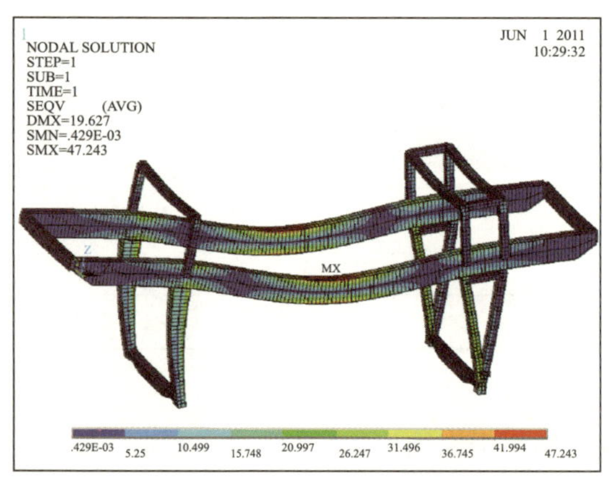

图 9−14 工况 A3 下整机结构应力云图

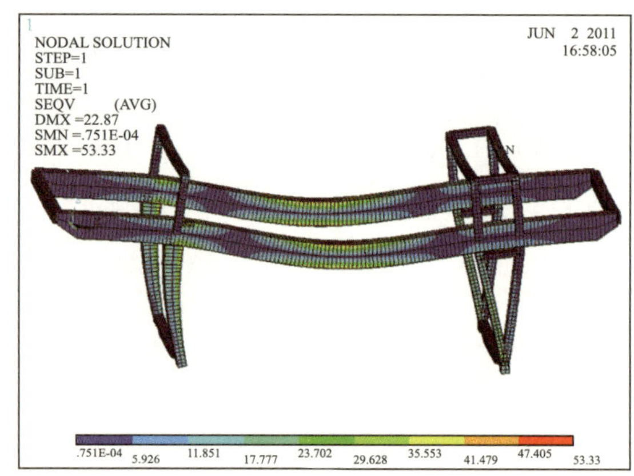

图 9−15 工况 A4 下整机结构应力云图

9.3 内河码头装卸设备抗震措施

对于岸边集装箱起重机，在地震荷载作用下，岸边集装箱起重机支腿根部尤其是江侧支腿根部为抗震薄弱位置，设计时需特别考虑此处的结构形式和与大车平衡梁的连接形式，以保证具有足够的强度。此外，地震荷载对主梁的水平刚度影响也较大，设计中应保证设计时可采取适当的措施保证前大梁前端具有足够的水平刚度；主梁具有足够的水平刚度，以抵御地震荷载造成的水平变形，防止小车脱轨。

对于轨道式集装箱起重机，在地震荷载作用下，轨道式集装箱门式起重机柔性支腿与主梁连接处、刚性支腿与主梁连接处以及刚性支腿下方为抗震薄弱位置，设计时需特别考虑此处的连接形式，以保证具有足够的强度。此外，地震荷载对主梁的水平刚度影响也较大，对于这种中大跨距的轨道式集装箱门式起重机，应保证主梁具有足够的水平刚度，以抵御起重机整机自重引起的水平变形和地震荷载造成的水平变形，防止小车脱轨现象发生。

参考文献

[1] Charles W. Roeder etc. Seismic performance of Pile-wharf connection. Pacific Earthquake Engineering Research Center,2001.

[2] Tajimi, H..Seismic effect on piles. Proceedings of specialty seesion 10, state-of-the-art reports[C].proceeding, 9th Internationanl Conference on Soil Mechanics and Foundation Engineering. Tokyo, 1977:549-558.

[3] Novak, M..Piles Under Dynamic Loads, State-of-the-Art[C].Proceedings , 2nd International Conference on Recent Advances In Getotechnical Engineering and Soil Dynamics, St. Louris, Voil.3,1991:2433-2456.

[4] Venkataramana,K, et al..Dynamics Soil-Structure internaction Effects on the Random Response of Offshore Platform[C].Proceedings: 8th Int. Conference Offshore Mech. Polar Engrgl, Netherlands,1989.

[5] Parra,J.G, Arisa, N., Abreu,E.. Seisimic Performance of Concrete Oil Platforms in Shallow Waters; the Lake Maracibo Case[C].Proceeding of Eleventh World Conference on Earthquake Engineering, 1996, Disc 3：1295.

[6] Ganev, Todor,et al..Response Analysis of the Higashi-koho Bridge and Surrounding Soil in the 1995 Hyogoken-Nanbu Halbraums [J].Ingenieur-Arch in, 1936,7(6):381-396.

[7] 天津市抗震办公室《唐山大地震天津市工程震害》编写组 . 唐山大地震天津市工程震害 [M]. 天津：天津科学技术出版社，1984.

[8] 重庆交通学院 . 三峡工程兴建后，重庆港口码头型式及装卸工艺流程研究 [R],1996.

[9] 王多银 . 港口桥吊后张预应力起重机梁的模型试验研究 [J]. 水运工程，1998.

[10] 陈万佳 . 港口水工建筑物 [M] . 北京 : 人民交通出版社 ,1987.

[11] 王多银 , 周世良 , 刘明维 . 三峡库区港口码头建设的基本原则探讨 [J]. 重庆交院学报 , 2003.9.

[12] 交通部水运司 . 港口起重运输机械设计手册 [M]. 北京：人民交通出版社，2001.

[13] 徐格宁 . 起重机设计规范(GB/T 3811—2008)释义与应用 [M]. 北京 : 中国标准出版社 , 2008.

[14] 中华人民共和国国家标准 .GB/T 3811—2008　起重机设计规范 [S]. 北京：中国标准出版社，2008.

[15] 李增光 , 吴天行 , 李义明 . 岸边集装箱起重机抗震计算分析 [J]. 起重运输机械，2008（12）.

[16] 柯文容 . 神户港地震后的复建与管理 [J]. 水运工程，1999（7）.
[17] 中华人民共和国国家标准 .GB/T 17742—2008　中国地震烈度表 [S]. 北京：中国标准出版社，2009.
[18] 钱永梅 , 钟春玲 . 建筑结构抗震设计 [M]. 北京：化学工业出版社 , 2009.
[19] 陈国兴 , 柳春光 , 邵永健 . 工程结构抗震设计原理 [M]. 北京：中国水利水电出版社 , 2009.
[20] 全国起重机机械标准化技术委员会 . 起重机设计规范（GB/T 3811—2008）释义与应用 [M]. 北京：中国标准出版社 , 2008.
[21] 欧洲起重机械设计规范 [M]. 上海振华港口机械公司，译，1998.
[22] 中华人民共和国国家标准 . GB 50011—2001　建筑抗震设计规范 [S]. 北京：中华标准出版社 ,2002.
[23] 中华人民共和国国家标准 . GB 50111—2006(2009 年版）　铁路工程抗震设计规范 [S]. 北京：中国标准出版社 ,2006.

索　引